唯 有 美 食 与 爱 不 可 辜 负

主食变变变

84种米面做法全放送

咖啡鱼 著

江苏文艺出版社
JIANGSU LITERATURE AND ART
PUBLISHING HOUSE

目录
CONTENTS

02
浓香极简养生粥

03
巧手精致美味面

CONTENTS ·

04
方便可口中式点心

05
简单丰富快手轻食

关于本书用料、用量的说明

量取液体时，1 茶匙 =5 毫升，1 汤匙 =15 毫升；

量取固体时，1 茶匙 ≈ 5 克，1 汤匙 ≈ 15 克；

菜有百味，适口者珍。食谱中所标用量，并不一定适合所有人的口味，烹制过程中随时品尝是一个好习惯，可灵活调整咸淡程度。

如何分辨油温

用手置于油锅表面，如果能微微地感到一点热，此时油为两成热。

将筷子置于油中，如果有微小的气泡浮起，此时油为五成热。

将筷子置于油中，气泡变得比较密集，并且有少许油烟产生，此时油为七成热。

将筷子置于油中，如果气泡变得很密集，油烟更为明显，此时油为八成热。

让家的味道溢满心田

　　最近，我常常想起十年前的往事。那时，我刚离开父母独自闯荡世界，总是加班，经常不按时吃饭，对生活常识也懵懵懂懂，似乎青春就是用来挥霍的。

　　这样的日子过久了，我几乎快要忘掉了家里温暖、简朴的小餐桌，身体与精神也开始出现亚健康的症状。于是，我决心自己在家做饭。最初，我是从熬粥开始的，因自以为熬粥是很容易的，没有什么技术含量。不承想真正操作起来才知道，看似简单的一碗粥，想要熬到米汤黏稠、米粒软糯还真需要下点功夫。我至今还记得第一次熬粥时的情景，大米没有提前浸泡，也没有注意水和米的比例，一不小心米汤就溢了出来，搞得手忙脚乱，最后一锅粥变成了半干的夹生饭。

　　所幸在我磕磕绊绊的烹饪路上，得到了家人数不清的鼓励，不管我做得有多难吃，他们总会埋头消灭我所有的"实验产品"，并提出改进建议。如今，我能在短时间内做出一份色香味俱全的精致盖浇饭，煮一锅软糯顺滑的上好白粥，烹制出各种地方特色的面食，烤出奶香扑鼻的西式小点心……这一切都源于家人无私的支持和我对家庭餐桌味道的执着追求。

　　我时常想，假如早在独立生活的初期就能自己做饭，我的身体一定会更健康，也更能发现生活中的种种美好吧。为了不让大家走我的老路，我开始在网络上分享烹饪心得，尤其是花样繁多的主食菜谱。这些"饭菜一锅端"的美味，并不需要复杂的准备过程，简简单单有菜有肉的一大碗，就能吃得过瘾又健康，因而格外适合都市中忙碌的上班族。我希望这些简单、家常的主食菜谱，能让朋友们在很短的时间里熟悉、掌握，这样就能每天变着花样为自己和家人端出营养的好味道了。

这本书包含了我最拿手的花样主食。百变的米饭，可以做成炒饭、盖浇饭、日式的寿司、韩式的拌饭、西式的焗饭等；粥也有不同的变化，有一段时间我为自己定下了一天一碗粥的养生计划，搭配各种食材组合成不可思议的美味营养粥，相信你也会爱上这种烹饪创作的乐趣；面食文化博大精深，中国各地的面条种类就已经多到数不清，口味各不相同，再加上日式的乌冬面、韩式的冷面、西式的意大利面更是各有各的美；而馒头、饺子等中式主食，也没有你想象的那么复杂；西式轻食则是一个时髦的新概念，以填饱肚子但又不摄入过多热量、营养搭配多样化而被越来越多的年轻人所推崇。

烹饪居家美食多年，我一直认为美味其实是没有固定标准的，所以希望借由这本书，能让大家体会到亲自下厨的乐趣。用最简单的食材和最易学的方法，做出营养美味兼具的饭菜，是我始终如一的坚持。

最后感谢"下厨房"网站的小月和凤凰联动编辑的无私协助，是你们的精益求精，才使得这本书能如期完成。对于书中的疏漏之处，还望读者们多多包涵，同时欢迎多提宝贵意见。这是一本在我怀孕期间完成的美食书，它就像肚子里的小生命一样，我一天天感受到它逐渐成形，心里满满的都是感动。

咖啡鱼

2013 年 3 月于北京

主　食　変　変　変

精造特色营养米饭

FULL OF FLAVOUR

　　当七千多年前，中国长江下游的劳动人民开始种植水稻之时，或许谁都不曾想到，小小的一粒稻米日后会成为全世界近一半家庭餐桌上的绝对主角，而且搭配其他食材可繁可简，亦能变换出多种风味。即使只是一碗简简单单的白米饭，米粒剔透饱满，冒着腾腾的热气，也能慰藉因生活忙碌而逐渐变得疲惫的心灵。

NO.1
什锦蛋炒饭

蛋炒饭是犯懒时或忙碌日子里的最佳选择，利用冰箱里的食材边角料，便能烹饪出兼具美味和营养且变化丰富的家常料理。可别小瞧了看似人人都会做的蛋炒饭，要做到米饭粒粒分明、菜饭滋味浑然一体也不容易呢！

◉ 原料

米饭	200 克
胡萝卜	150 克
鲜豌豆	50 克
鸡蛋	1 个
香葱	1 根
食用油	2 汤匙
食盐	1 茶匙
料酒	1 茶匙

◉ 步骤

1. 胡萝卜切丁，香葱切成葱花，鸡蛋打入碗中。
2. 将鸡蛋打散，与料酒和少许清水混合，搅打至均匀；锅中倒入一部分食用油，烧至八成热时倒入鸡蛋液，炒熟后盛出。
3. 锅中倒入剩下的食用油，烧至七成热，加入胡萝卜丁和鲜豌豆翻炒。
4. 炒约 1 分钟后，加入米饭，翻炒均匀。
5. 倒入炒好的鸡蛋，继续翻炒。
6. 撒入食盐，翻炒均匀，加入葱花即可。

◉ 小贴士

1. 蛋液中加入料酒和清水可以去除鸡蛋的腥味，令炒出的鸡蛋更加鲜嫩。
2. 最好选用隔夜米饭，这样炒出的米饭颗粒分明，更加有弹性。

NO.2
XO 酱炒饭

　　XO 酱绝对是酱料中的贵族。它由瑶柱、金华火腿等食材熬制而成，也容易和普通食材搭配，就像童话里的王子，英俊潇洒却不居高自傲。白米饭就像朴实善良的灰姑娘，是居家不可或缺的食物。本道炒饭中，"高贵英俊"的 XO 酱王子与"朴实善良"的白米饭姑娘相遇，演绎出一场食物版"灰姑娘"的浪漫故事。

❂ **原料**

米饭	200 克
尖椒	50 克
香菜	10 克
原味 XO 酱	2 汤匙
食用油	1 汤匙
食盐	1 茶匙

❂ **步骤**

1. 尖椒切丝，香菜切末。
2. 炒锅内倒入食用油，放入原味 XO 酱炒香。
3. 放入隔夜米饭、尖椒丝和香菜末，翻炒均匀。
4. 待闻到香味时，撒入食盐，翻炒均匀即可盛盘享用。

❂ **小贴士**

1. XO 酱是粤菜中的一种高档酱料，具有色泽红亮、鲜味浓厚、醇香微辣的特点。XO 酱的主料构成没有一定的标准，但基本都包括了瑶柱、虾米、金华火腿及辣椒等。
2. 本道炒饭只需少量食用油，也可以不放油，因为 XO 酱本身的油分就比较大。
3. 最好选用隔夜米饭，炒之前要用筷子拌松散，这样炒出来的米饭才会颗粒分明、味道均匀。

NO.3 培根红腰豆炒饭

　　咸香的培根配上口感扎实的红腰豆，令这道炒饭美味十足。原产于南美洲的红腰豆是干豆中营养最丰富的品种，它零脂肪、高纤维，十分适合糖尿病人食用。但需注意的是，红腰豆所含有的植物血球凝集素会破坏消化道细胞，导致过敏，而且这种毒素在加热到80℃将熟未熟时浓度最高，因此一定要确保煮熟之后再吃。

◎ 原料

米饭	200 克
培根	2 大片
罐装红腰豆	3 汤匙
食用油	2 汤匙
食盐	1 茶匙

◎ 步骤

1. 培根切成均匀的小片，炒锅里放入食用油，稍热后倒入培根片翻炒。
2. 培根片炒至微焦后加入米饭，翻炒均匀。
3. 加入红腰豆继续翻炒。
4. 撒入食盐调味，炒至米粒松散即可出锅。

◎ 小贴士

这道炒饭用的是罐装红腰豆，本身就是熟的。如果用干货红腰豆，需事先在清水中浸泡一晚，再用沸水煮熟，方可使用。

NO.4
菠萝什锦糯米饭

　　菠萝饭是有着浓郁傣族风味的一道主食。菠萝的香甜在蒸的过程中逐渐渗入到绵软的糯米和大米中，不光尝起来清香四溢，那鲜艳的颜色也会惹得人胃口大开。如此的美味做法却很简单，一点也不比普通的蒸米饭复杂。在新鲜菠萝上市的季节，不妨试试这款香甜开胃的菠萝什锦糯米饭吧。

● 原料

糯米	50 克
香米	50 克
中等大小菠萝	1 个
豌豆	10 克
玉米粒	10 克

● 步骤

1. 糯米和香米用冷水浸泡一晚。
2. 菠萝从侧面 1/4 处横切，挖出里面的果肉，注意不要损坏果皮。
3. 挖出的菠萝肉切成小丁，与豌豆和玉米粒一同放入碗中备用。
4. 碗中加入浸泡好的糯米、香米，拌匀，然后填入掏空的菠萝中，至八分满。
5. 切下的菠萝盖子盖在上面，并用牙签固定。
6. 固定好的菠萝放入大点的蒸锅内，水开后蒸 40 分钟左右即可。

● 小贴士

可以根据个人口味加糖、食盐或其他调味料，也可以什么调料都不加，直接享受自然的清香之味。

> 原料

米饭	200克	鲜黄花菜	30克	食用油	2汤匙
胡萝卜	30克	菠菜	30克	香油	2茶匙
新鲜香菇	30克	豆芽	30克	食盐	1茶匙
金针菇	30克	鸡蛋	1个	韩式辣酱	1汤匙

NO.5
韩式石锅拌饭

石锅拌饭是著名的韩国美食，品种丰富的蔬菜和香嫩的鸡蛋组合成令人愉悦的造型，吃的时候用韩式辣酱拌匀，蔬菜、米饭、蛋黄混合着底部焦焦的锅巴一起入口，特别有满足感！

● 步骤

1. 胡萝卜切丝，香菇切片。
2. 金针菇、鲜黄花菜、菠菜、豆芽用开水焯熟。
3. 将焯熟的金针菇、黄花菜、菠菜、豆芽加入少许食盐和香油，分别拌匀。
4. 锅中放入一部分食用油，倒入切好的胡萝卜和香菇炒熟，加少许食盐翻炒均匀后盛起。
5. 锅中放入剩下的食用油，煎一个单面熟的鸡蛋。
6. 石锅中涂一层香油，铺好米饭。
7. 将准备好的蔬菜依次码放在米饭上。
8. 把煎好的鸡蛋放到蔬菜上，然后将石锅放在火上加热，直至发出滋滋的声音即可上桌，搭配韩式辣酱同食则滋味更加鲜美。

● 小贴士

如何煎出圆形的蛋：将洋葱横向切开，取一个洋葱圈放在平底锅内，将鸡蛋打入，煎熟后将洋葱圈剔除即可。

NO.6
土豆香肠焖饭

　　焖饭是一种简便快捷的家常主食，只需将食材配料事先炒至半熟，然后在用电饭锅焖米饭的时候，加入食材一起焖熟即可，这种做法比炒饭更加方便。除了土豆香肠，还可以使用任何你喜欢的食材制作出各种焖饭。

❯ 原料

大米	100 克
土豆	100 克
广式香肠	1 根
食用油	2 汤匙
食盐	1 茶匙

❯ 步骤

1. 土豆去皮，切成小丁。
2. 广式香肠切成小丁。
3. 锅中倒入食用油，大火烧至七成热时，放入土豆丁翻炒。
4. 土豆表面呈金黄色后，均匀地撒一层食盐，关火。
5. 大米洗净后倒入电饭锅，倒入适量清水，然后倒入煎好的土豆丁。
6. 均匀地倒入香肠丁，盖上盖子，按下开关。
7. 待电饭锅提示米饭煮好后，打开盖子，用勺子将米饭和土豆翻拌均匀，再盖上盖子焖 10 分钟左右即可。

NO.7
家常腊味煲仔饭

煲仔饭是广东的传统美食，这道饭以砂锅为器皿，而广东称砂锅为"煲仔"，故称"煲仔饭"。煲仔饭种类多样，其中以腊味煲仔饭最为传统经典，最适宜在秋冬季节食用。锅底焦香的锅巴是煲仔饭的精华，一勺调味汁淋下去，"滋滋"作响，味道更是妙不可言。

◗ 原料

大米	100 克
腊肉	100 克
鲜香菇	30 克
广式香肠	1 根
油菜	1 颗
生抽	3 汤匙
老抽	1/2 茶匙
食盐	1/2 茶匙
糖	1/4 茶匙
香油	1/2 茶匙
食用油	1 茶匙

◗ 步骤

1. 将大米浸泡 30 分钟后倒入砂锅中，注入清水，水面与米面的距离约等于食指第一个关节的高度。
2. 大火煮开后转小火，淋入食用油搅拌均匀，盖上砂锅盖子，再煮约 10 分钟。
3. 煮米饭的同时，将鲜香菇、广式香肠和腊肉切片。
4. 将生抽、老抽、食盐、糖和香油混合，加适量水搅匀，制成料汁。
5. 打开砂锅盖子看一下，待水分快收干时，将切好的香菇、香肠和腊肉码放在米饭上。
6. 盖上盖用小火继续焖 10 分钟后关火，油菜焯水后与米饭一同盛入碗中，淋上步骤 4 调好的料汁即可。

NO.8
咖喱鸡肉饭

　　日式的食物总给人一种精致、细腻、温和的感觉，咖喱这种"舶来品"也不例外。本是辛香浓郁的印度咖喱传到日本，反倒带上了苹果的丝丝甜味。日式咖喱块虽然不如印度家庭自制的咖喱那样千变万化，但胜在方便省时，只需简单加热淋到米饭上，便能成就美味。

● **原料**

米饭	200 克
鸡胸肉	200 克
土豆	150 克
胡萝卜	100 克
青豆	30 克
洋葱	50 克
日式咖喱块	2 块
食用油	2 汤匙

● **步骤**

1. 将土豆、胡萝卜、洋葱和日式咖喱块切成均匀的小丁。
2. 鸡胸肉在沸水中余烫一下，捞出沥干，切丁，锅中放入食用油，待油七成热后倒入鸡肉丁翻炒。
3. 将鸡肉丁炒至微黄，倒入土豆丁、胡萝卜丁、洋葱丁和青豆翻炒。
4. 倒入热水，令水面没过所有食材，大火烧开后转中小火慢炖半小时。
5. 加入咖喱丁，搅拌至咖喱丁融化。
6. 撒入少许食盐，搅拌均匀，大火收汁后浇在米饭上即可。

● **小贴士**

上述做法中使用的是生青豆，如果买的是熟青豆，可不用翻炒，在进行到步骤 5 时和咖喱块一起放入锅中即可。

◗ 原料

大米	100 克	豌豆	30 克	咖喱粉	2 汤匙
鱿鱼	200 克	西红柿	50 克	迷迭香	1 茶匙
虾	200 克	红甜椒	30 克	橄榄油	4 汤匙
花蛤	200 克	蒜	5 瓣	柠檬	半个
洋葱	30 克	食盐	1 茶匙		
胡萝卜	30 克	白葡萄酒	2 汤匙		

NO.9
咖喱海鲜饭

　　与前面的鸡肉饭不同，这道海鲜饭并没有使用口感温和的日式咖喱块，而使用了香气更加浓郁、味道更加辛辣的咖喱粉调味。去腥提鲜的白葡萄酒和迷迭香交织在一起，配上被咖喱粉包裹成金黄色的米粒，无论在品相上还是在口感上都不逊色于西班牙海鲜饭。享用的时候千万别矜持，大口吃下去，会有满满的幸福感。

● 步骤

1. 将大米用水浸泡 30 分钟，花蛤用水浸泡至吐净泥沙。
2. 将洋葱、胡萝卜、红甜椒和西红柿切丁。
3. 鱿鱼切小块，虾开背去沙线。
4. 平底锅中放入 2 汤匙橄榄油，下去皮、剁碎的蒜蓉炒香。
5. 放入花蛤、虾、鱿鱼，翻炒均匀；倒入白葡萄酒，撒入食盐，继续翻炒；待虾变红、花蛤开口后盛出备用。
6. 锅内再放入 2 汤匙橄榄油，油热后将洋葱丁放入翻炒。
7. 炒至透明后放入豌豆、红甜椒丁和胡萝卜丁翻炒，最后放入西红柿丁炒至出汁。
8. 将泡好的大米沥干水分，倒入锅中一起炒香。
9. 撒入咖喱粉和食盐，炒至米粒全部均匀地被咖喱粉包裹。
10. 加入适量开水，稍没过全部食材即可，盖上锅盖，小火焖煮 20 分钟。
11. 待汤基本收干、米饭熟后，撒入迷迭香，再将已做熟的海鲜放到米饭上。
12. 将柠檬挤汁，淋入锅内，小火焖 5 分钟即可。

NO.10
奶香蘑菇焗饭

奶香蘑菇焗饭是一道常见的西式主食。米饭经过烘焙，口感发生了奇妙的变化，蘑菇的鲜味混合牛奶的醇香，加上马苏里拉奶酪拉丝的 Q 润口感，令人回味无穷。

● 原料

米饭	200 克
香菇	30 克
草菇	30 克
洋葱	50 克
马苏里拉奶酪碎	120 克
牛奶	100 毫升
食盐	1 茶匙
黑胡椒	1/2 茶匙
意大利混合香料	1/2 茶匙
蒜	3 瓣
食用油	1 汤匙

● 步骤

1. 香菇、草菇切片，洋葱、蒜切末。

2. 炒锅中倒入食用油，油未热时放入洋葱末和蒜末炒香。

3. 放入香菇片和草菇片，翻炒至变软。

4. 放入米饭，翻炒均匀。

5. 倒入牛奶和适量开水，没过米饭即可。

6. 撒入食盐、黑胡椒粉和意大利混合香料，拌匀。

7. 小火煮 5 分钟左右，至水分基本收干。

8. 将煮好的蘑菇饭盛入烤碗中，在饭上铺一层马苏里拉奶酪碎。

9. 烤箱 220℃预热，中层烤 5 分钟，待表面的马苏里拉奶酪融化、变金黄即可。

NO.11
泡菜焗饭

　　韩国泡菜和西式奶酪，两种看似风格完全不同的食物，也可以碰撞出美妙的火花。在这道焗饭中，泡菜奠定了味觉基调，虾仁和奶酪的加入丰富了口感，让味道更有层次。韩式与西式的混搭给味蕾带来了意外的惊喜。

❥ 原料

米饭	200 克
韩国泡菜	100 克
北极虾	200 克
马苏里拉奶酪	120 克
鸡蛋	1 个
食盐	1 茶匙
食用油	2 汤匙

❥ 步骤

1. 韩国泡菜切成小块。
2. 北极虾去壳，留虾仁。
3. 将鸡蛋打散，炒锅中倒入食用油，油七成热时倒入蛋液翻炒。
4. 趁蛋液还没完全熟的时候，倒入米饭翻炒。
5. 依次倒入韩国泡菜和北极虾，继续翻炒。
6. 撒入食盐翻炒均匀，关火。
7. 将食物盛到大口碗里，在表面均匀地撒一层马苏里拉奶酪。
8. 烤箱 220℃预热，将碗放到烤箱中层，烤至马苏里拉奶酪融化、变金黄即可。

NO.12
肉末酸豆角盖饭

　　肉末酸豆角是一道经典的下饭菜，炒一碗铺在米饭上，就成了香喷喷的盖浇饭。这种饭菜一锅端的形式最适合忙碌的日子，即使是最家常的味道，无须过多修饰，一碗简简单单的盖浇饭就已足够美味。

● 原料

米饭	200 克	姜	1 小块
酸豆角	400 克	生抽	1 汤匙
猪肉馅	100 克	食盐	1 茶匙
小红辣椒	15 克	胡椒粉	1/2 茶匙
葱	1 根	食用油	2 汤匙

● 步骤

1. 在猪肉馅中淋入生抽、食盐、胡椒粉搅拌均匀，腌制 20 分钟。
2. 酸豆角洗净切丁。
3. 葱、姜、小红辣椒切碎。
4. 炒锅中倒入食油，放入葱、姜、小红辣椒碎炒香。
5. 放入腌制好的肉馅翻炒。
6. 待肉馅颜色变浅后倒入酸豆角丁。
7. 继续翻炒 3 分钟后出锅，铺在米饭上即可。

NO.13
时蔬肥牛饭

　　肥牛饭是日式快餐店中非常受欢迎的一道招牌主食，鲜嫩的肥牛片搭配多汁的洋葱，再配上白米饭，简单又不失营养。在家自制肥牛饭可以按个人口味调整配方，喜食素的就多加一些蔬菜，肉食爱好者则可以多多地放肥牛片。自制美味不必束缚于条条框框，要的就是那一份轻松随意。

原料

米饭	200 克
肥牛片	300 克
西兰花	150 克
洋葱	50 克
红彩椒	15 克
黄彩椒	15 克
蚝油	3 汤匙
生抽	2 汤匙
白酒	1 汤匙
食用油	2 汤匙
白砂糖	1 茶匙
食盐	1 茶匙

步骤

1. 将西兰花撕成小朵，焯水后捞出，过凉水。
2. 将肥牛片放入滚水中余烫一下，捞出后沥干水分。
3. 红、黄彩椒和洋葱洗净、切片。
4. 用蚝油、生抽、白酒、白砂糖和食盐调成调味汁。
5. 炒锅中放入食用油，烧热后放入洋葱片炒至变软后，放入红、黄彩椒片和余烫好的肥牛片，翻炒均匀。
6. 倒入调好的调味汁拌匀，将炒好的肥牛片浇在米饭上，在一旁摆上西兰花即可。

▶ 原料

米饭	400 克	鸡蛋	2 个	五香粉	1/2 茶匙
五花肉	500 克	食用油	2 汤匙	冰糖	50 克
小油菜	100 克	老抽	1 汤匙	姜	1 小块
洋葱	50 克	生抽	3 汤匙	八角	1 个
香菇	50 克	料酒	4 汤匙		

NO.14
台式卤肉饭

　　卤肉饭是最具代表性的台湾小吃，也是一道常见的主食。五花肉切成小丁，烧制成肥而不腻的卤肉，与香菇丁混合在一起形成浓厚多汁的肉卤，配上一碗蒸得又香又韧的米饭，再放上爽口的小油菜和卤蛋，那滋味真叫人无法拒绝。

◐ 步骤

1. 鸡蛋洗净后，放入清水中煮熟、剥皮。

2. 小油菜洗净后用热水焯一下。

3. 将洋葱、香菇、五花肉分别切丁，姜切片。

4. 热锅中放入食用油，油七成热后放入洋葱丁，翻炒出香味。

5. 放入五花肉丁，翻炒至肉色泛白、微微泛油。

6. 倒入香菇丁继续翻炒，接着淋入料酒、老抽、生抽，撒入五香粉，翻炒均匀。

7. 放入姜片和八角，加入开水至没过食材，水烧开后转中火慢炖半小时。

8. 放入鸡蛋和冰糖，转小火继续焖炖半小时。

9. 将卤蛋捞出，一切为二，肉卤浇在米饭上，再放上半颗卤蛋和焯烫过的小油菜即可。

◐ 小贴士

1. 每碗卤肉饭中放半颗卤蛋即可，剩下的半颗，可以当零食或早餐吃。

2. 汤汁不要收得过干，留一些拌饭特别好吃。

NO.15
照烧鸡肉饭

照烧这种烹饪方式源自日本，是一种用酱油、糖等调料调制出的酱汁来烧煮肉类的烹调方法。照烧酱的味道咸鲜微甜，可以自己配制，也可以直接在超市购买调好的酱汁。

◎ 原料

米饭	200 克
西兰花	150 克
胡萝卜	50 克
鸡腿	1 个
食用油	1 汤匙
照烧汁	4 汤匙
白芝麻	1 茶匙

◎ 步骤

1. 将鸡腿洗净，剔去骨头，在一面用刀划几下，方便入味。
2. 胡萝卜切片（可以根据个人喜好切成花形），焯水后过凉水。
3. 西兰花撕小朵，洗净，焯水后过凉水。
4. 锅中放入食用油，将鸡腿的鸡皮一面朝下放入锅中，煎出鸡油。
5. 待鸡皮煎到金黄时，翻面煎另一面。
6. 倒入照烧汁，大火煮开后转小火，盖上锅盖再煮 5 分钟，期间要给鸡腿肉翻面几次。
7. 至汤汁浓稠，将鸡肉盛出后切成块，铺在米饭上，再摆上西兰花和胡萝卜片，撒上白芝麻即可。

◎ 小贴士

1. 如何给鸡腿剔骨：首先用刀在鸡腿其中一个关节处环绕切一圈，然后顺着骨头切开，再用刀将骨肉分离至另一个关节处，即可将骨头完整地剔出。
2. 汁不要收得过干，将浓稠的照烧汁和米饭拌在一起吃，味道绝美。
3. 如果没有现成的照烧汁，也可以自制：生抽 2 汤匙、料酒 2 汤匙、老抽 1 茶匙、蜂蜜 1 汤匙混合均匀即可。

NO.16
烤鳗鱼饭

烤鳗鱼从江户时代起就相当受日本人的青睐，有"即使一天吃上四回，仍想再吃"的说法。因为鳗鱼的营养价值高，所以烤鳗鱼饭在日本料理店中也是售价较高的一道主食，而夏季体能消耗较大，故日本人常在夏季食用鳗鱼进补。不过，在冬季吃一碗香喷喷的烤鳗鱼饭，来驱走体内寒气也是一种不错的选择。

❥ 原料

米饭	200 克
鳗鱼	200 克
鸡蛋	1 个
照烧汁	2 汤匙
食用油	2 汤匙
白芝麻	1 茶匙

❥ 步骤

1. 将鳗鱼切段，用清水略微浸泡后捞出沥干，用厨房纸巾吸取多余的水分。
2. 照烧汁里加入一点食用油，调匀。
3. 烤盘上铺锡纸，刷底油，码上两面都刷好照烧汁的鳗鱼段，放入预热180℃的烤箱，中层烤8分钟。
4. 取出后再在鳗鱼上刷一次照烧汁，翻面，撒上白芝麻，继续入烤箱烤7分钟左右。
5. 将鸡蛋打散，平底锅中倒入剩下的食用油，再倒入鸡蛋液，摊一个薄鸡蛋饼。
6. 将摊好的鸡蛋饼卷起、切丝，搭配烤好的鳗鱼和米饭一起食用。

❥ 小贴士

有条件的最好去农贸市场买新鲜的鳗鱼，超市冷冻的腥味较重。

NO.17
木鱼花饭团

　　饭团是日本家家户户都离不开的重要主食，它的做法非常简单，用寿司醋拌米饭，然后捏成圆形或三角形就好了。饭团丰俭由人，可以不加其他配料或只放一颗开胃的梅子，也可以包裹金枪鱼等各种食材，完全根据个人喜好。饭团携带也很方便，是外出郊游或者上班带饭的好选择。

❯ 原料

米饭	200 克
木鱼花	1 汤匙
海苔	2 片
寿司醋	1 汤匙
糖	1 茶匙
黑芝麻	1 茶匙

❯ 步骤

1. 米饭摊开放凉，加入寿司醋、糖和黑芝麻，搅拌均匀。
2. 手上沾点水，团一个饭团，再压扁，整理成三角形。
3. 用海苔将饭团包裹住，将木鱼花均匀地撒在饭团上即可，食用时，搭配绿芥末和日式酱油更加美味。

❯ 小贴士

木鱼花是日本料理中常见的一种配料，由深海鲣鱼加工而成，形似木刨花，味道鲜美。木鱼花很容易受潮，要在干燥、避光处妥善保存。

NO.18
牛油果反卷寿司

作为一种经典的米饭料理，日本寿司有许多种类，比如寿司卷、握寿司、箱寿司、散寿司等。"反卷"是寿司的一种做法。常见的寿司是将海苔放在最外侧，接着铺上米饭和其他食材，而"反卷"则是将海苔包在米饭里。听起来好像很复杂，但只要掌握了做寿司的基本方法，在家里也可以轻松自制各种寿司。

◑ 原料

米饭	200克	海　苔	1张
胡萝卜	50克	食用油	1汤匙
黄瓜	50克	寿司醋	1汤匙
牛油果	50克	日本酱油	1茶匙
蟹棒	80克	芥末酱	少许
鸡蛋	1个		

◑ 步骤

1. 鸡蛋打散，锅中倒入食用油，烧热后将鸡蛋倒入，摊成蛋饼。
2. 将摊好的蛋饼切成条状，胡萝卜、黄瓜、牛油果、蟹棒也切条。
3. 在寿司帘上铺一层保鲜膜，然后均匀地铺上一层拌有寿司醋的米饭。
4. 把海苔放在米饭上，再将步骤2中的食材依次排列放在上面。
5. 将寿司帘卷起，一边卷一边将所有食材压实。
6. 撤掉寿司帘，将卷好的反卷寿司切片、装盘，可在顶端撒些芝麻与海苔碎，蘸芥末酱与日本酱油即可食用。

◑ 小贴士

牛油果是一种热带水果，营养极其丰富，在西式简餐中比较常见。其果肉柔软似乳酪，风味独特，用在寿司中是非常别致的吃法。如果买不到牛油果，也可以使用其他食材制作出属于你自己的反卷寿司。

NO.19
梅子茶泡饭

茶泡饭顾名思义是用茶水泡米饭吃，再搭配一些小酱菜，方便又实惠。在中国很多地区都有吃茶泡饭的传统，但这一吃法却被日本人发扬光大。常见的食材，简单的做法，让本来是登不上台面的果腹之物，也能逐渐被赋予了"平淡是真"的内涵，一碗小小的茶泡饭，却彰显出最质朴的人生真谛。

▶ **原料**

米饭	100 克
绿茶	1 茶匙
日本酱油	1/2 茶匙
黑芝麻	1/2 茶匙
海苔	1 片
盐渍紫苏梅	1 颗

▶ **步骤**

1. 在米饭上淋几滴日本酱油。
2. 将黑芝麻撒在米饭上。
3. 将海苔切成丝，放在米饭上。
4. 将一颗盐渍紫苏梅放在米饭中央。
5. 用开水冲泡绿茶，然后将茶水沿碗边倒入，没过米饭的 2/3 即可。

▶ **小贴士**

1. 米饭用东北新大米会很香，米饭上也可以放些生鱼片。
2. 茶水可以用乌龙茶、日式煎茶、玄米茶。
3. 茶泡饭不太容易消化，需要注意细嚼慢咽。

主 食 变 变 变

浓香极简养生粥

FULL OF FLAVOUR

　　清晨，在一碗热气腾腾的米粥中开始新的一天；傍晚，再来一碗浓香的甜粥暖胃驱寒。简简单单的白粥，香得淳朴，香得地道，一如最平常的生活味道，却有着"食用"与"药用"的双重养生价值。

　　不过煮粥看似容易上手，但要煮出美味的粥，也有不少窍门呢：在煮粥之前，米需要用冷水浸泡半个小时，然后开水下锅，同时掌握好米和水的比例，中途不要添水。煮粥的过程中可以点入几滴色拉油，这样会增加粥的鲜滑感，也能防止米汤溢出。搅拌的方法也有讲究，米刚下锅时搅几下，小火熬 20 分钟后开始不停地朝一个方向搅动，当搅至粥呈黏稠状时一碗营养又美味的热粥就熬成了。

NO.1
小米绿豆粥

小米是谷子去壳后的产物，蛋白质含量高于大米，各种维生素和无机盐的含量也很高，用来熬粥具有安神的效果。绿豆清热祛火，和小米、大米一同搭配，适合夏季养生。

> **原料**

绿豆	50 克
小米	50 克
大米	50 克

> **步骤**

1. 绿豆洗净，挑出杂质，提前一晚用水浸泡。
2. 小米和大米提前分别用水浸泡 30 分钟。
3. 烧一锅水，水开后倒入沥干水分的大米。
4. 倒入沥干水分的小米。
5. 小米和大米再次煮沸后，倒入沥干水分的绿豆。
6. 转小火慢煮，至小米、大米和绿豆煮开花、粥变黏稠即可。

> **小贴士**

1. 洗小米的时候不要用手搓，否则会破坏表皮的营养物质。
2. 小米和绿豆性凉，加入大米同煮更适合脾胃虚弱的人食用。

NO.2
干贝菠菜粥

　　菠菜丰富的维生素能够防止口角炎、夜盲等维生素缺乏症的发生。另外，它对缺铁性贫血也有改善作用，能令人面色红润，光彩照人。菠菜烹熟后软滑易消化，与高蛋白质含量且滋味鲜美的干贝一同熬煮，香咸入味，营养丰富。特别适合老人和儿童食用。

◐ 原料

大米	100 克
干贝	30 克
菠菜	150 克

◐ 步骤

1. 大米用冷水浸泡半小时，干贝泡发。
2. 烧一锅水，水烧开后倒入沥干水分的大米。
3. 大火煮沸后倒入泡发的干贝，转小火慢慢熬煮。
4. 煮沸后，将菠菜切段，出锅前几分钟撒入，用勺子顺时针搅拌至粥变黏稠即可。

◐ 小贴士

快速发干贝的小窍门：将干贝洗净后泡在红茶水里，放到微波炉里高火转 1 分钟。

NO.3
紫薯杏仁粥

紫薯的营养价值非常高，除了具有普通红薯的营养成分（如蛋白质、钙、磷等）外，还富含硒元素和花青素。山杏仁用搅拌机研磨后，有淡淡的香甜味。二者一同熬煮，兼顾营养与鲜香。

▶ 原料

大米	100 克
紫薯	150 克
山杏仁	50 克

▶ 步骤

1. 将大米和山杏仁提前一晚分别用清水浸泡。
2. 将泡好的山杏仁连同泡山杏仁的水一同放入榨汁机中，低速搅打 30 秒。
3. 将搅拌好的杏仁浆连同杏仁渣倒入锅中，再注入适量的冷水。
4. 杏仁汤煮沸后放入沥干水分的大米，转小火慢煮。
5. 将紫薯切成丁，加入锅中继续用小火煮，根据个人口味煮到合适的黏稠度即可。

NO.4
白果枸杞二米粥

白果是银杏的果实，富含粗纤维及多种维生素，可以滋阴养颜、抗衰老。小米粥有"代参汤"的美誉，搭配上白果，营养加倍。不过白果虽好，却有一定毒性，不可多吃。一般成年人每日食用不应超过 20 粒，儿童则应控制在每日 7 粒以下。

● 原料

大米	50 克
小米	50 克
白果	30 克
枸杞	20 克

● 步骤

1. 大米和小米用清水泡半小时。
2. 白果去壳后冷水泡 5 分钟，去掉肉上的薄皮。
3. 烧一锅水，水开后放入大米和小米。
4. 大火煮沸后，倒入白果，转小火慢慢熬煮。
5. 出锅前几分钟撒入枸杞，用勺子顺时针搅拌至粥变黏稠即可。

NO.5
薄荷糙米粥

　　糙米是还留存着少许外层组织的大米，比起精制大米来，糙米含有更加丰富的维生素和矿物质。薄荷辛凉，添加在食物中，清凉的气息和味道很能振奋人心。这款粥可以在酷暑中为您带来丝丝凉意。

▶ 原料

糙米	100 克
薄荷	10 克
枸杞	30 克
冰糖	50 克

▶ 步骤

1. 糙米提前一晚用清水浸泡。
2. 烧一锅水，水开后放入沥干水分的糙米，大火煮开后转小火慢慢煮。
3. 薄荷切碎，糙米煮开花后放入薄荷碎。
4. 放入枸杞和冰糖，顺时针搅拌直至冰糖溶化，再煮开即可。

NO.6
桂花芦笋糙米粥

芦笋鲜脆可口，富含多种氨基酸、蛋白质和维生素，享有"蔬菜之王"的美称。桂花性温、味辛，可以泡茶或浸酒内服，有化痰止咳的作用。这道粥清爽可口，香气宜人，经常食用可以提高人体免疫力。

◎ **原料**

糙米	100 克
芦笋	300 克
干桂花	1 汤匙

◎ **步骤**

1. 糙米提前一晚用清水浸泡。
2. 芦笋切小段。
3. 烧一锅的水，水开后放入沥干水分的糙米，大火煮开后转小火慢煮。
4. 糙米煮烂后，放入芦笋。
5. 撒入干桂花，用勺子顺时针搅拌几分钟，待粥黏稠后即可。

◎ **小贴士**

挑选和保存芦笋的小窍门：挑选芦笋有四个要点，嫩直、紧密、鲜亮、易折。芦笋的茎要嫩而挺直，笋尖的花苞要紧密，闻着没有腐臭味，表皮要鲜亮不萎缩，笋根未老化，用手容易折断。刚采下的芦笋很快就会纤维化，不易保存，可以用报纸包好，放冰箱冷藏，并在 2~3 天内食用完毕。

NO.7
花生鸡肉粥

　　花生又叫落花生，看似不起眼，却有着"长生果"的美称。用花生搭配各种食材来熬粥喝，不失为一种简单、便捷的摄取营养方式。

◉ 原料

大米	100 克
花生	50 克
鸡腿	1 个
葱	半根
姜	1 小块
食盐	1 茶匙

◉ 步骤

1. 大米提前浸泡 30 分钟，葱切段，姜切片。
2. 烧一锅水，水开后放入葱段、姜片和鸡腿，将鸡腿煮熟后捞出。
3. 煮熟的鸡腿放凉后去皮，将鸡肉撕成丝、切碎。
4. 另烧一锅水，水开后倒入花生和沥干水分的大米。
5. 大火煮开后，倒入鸡肉碎搅拌均匀，小火慢煮。
6. 粥变得黏稠后，撒入食盐调味即可。

NO.8
菊花核桃粥

杭白菊是一种常见的花草茶，具有消炎、明目、降压、降脂的作用。核桃是众所周知的补脑佳品，它所富含的磷脂对脑神经有很好保健作用，而不饱和脂肪酸则能防止动脉硬化。核桃与杭白菊的清新配搭，营养美味汇于一碗。

▶ 原料

大米	100 克
干杭白菊花	15 克
核桃碎	30 克
冰糖	50 克

▶ 步骤

1. 大米洗干净，用冷水浸泡半小时，捞出沥干水分。
2. 烧一锅水，水开后放入大米，用大火煮沸，加入干杭白菊花、核桃碎，转小火慢慢熬煮。熬煮时用勺子搅拌几次，至粥黏稠。
3. 关火后依个人喜好放冰糖调味。

NO.9
莲子薏米粥

南方有句民谣："薏米胜过灵芝草，药用营养价值高，常吃可以延年寿，返老还童立功劳。"薏米虽好，可不易煮熟，即便提前用水泡一晚，煮的时候还是要花不少时间。其实只要一道简单的工序——将薏米用搅拌机研磨碎，彻底煮熟薏米就变得轻而易举啦。研磨碎的薏米，在煮时还会散发出浓浓的谷香，比起以往的做法，既方便省时又加倍美味。

> **原料**
>
> | | |
> |---|---|
> | 薏米 | 100 克 |
> | 大米 | 50 克 |
> | 莲子 | 50 克 |
> | 黑玉米 | 1 根 |

> **步骤**

1. 莲子、薏米、大米提前一晚用清水浸泡。
2. 用筷子将黑玉米粒剔下。
3. 将浸泡好的薏米倒入搅拌机里，再倒入煮粥时所需要的清水，低速搅打 30 秒。
4. 将搅拌好的薏米连同水一起倒入锅中烧开，再依次倒入大米、莲子和黑玉米粒，转小火煮至黏稠即可。

> **小贴士**

1. 莲子的心不要去掉，带心的莲子能清心火，祛除雀斑，而且绝对不会影响粥的整体味道，但不宜久煮。
2. 剔玉米粒的窍门：立起玉米，用筷子抵住一排玉米粒的根部，用力铲下去，一排整齐的玉米粒就剔下来了。

NO.10
绿茶咸粥

茶叶除了可以沏水，煮粥也是不错的选择。忙碌了一天，来碗飘着茶香的米粥，再配上两碟素拌菜，不仅能促进新陈代谢，还能利胃提神，缓解一天的疲劳。这款粥最好趁热喝，因为有绿茶，凉吃会伤胃。

⊃ 原料

大米	100 克
绿茶	1 汤匙
食盐	1 茶匙

⊃ 步骤

1. 大米提前浸泡半小时。
2. 烧一锅水，水开后放入洗净的绿茶，转小火煮 3 分钟后捞出 2/3 的绿茶。
3. 放入沥干水分的大米，小火慢煮。
4. 待大米煮烂、米汤变黏稠后撒入少许食盐，搅拌均匀即可。

⊃ 小贴士

如果不喜欢绿茶的涩味儿，可将绿茶全部捞出，只留绿茶水煮粥。

NO.11
罗汉果燕麦瘦肉粥

罗汉果被誉为"神仙果"，清热润肺，对咳嗽、咽喉不适有很好的缓解作用。罗汉果味甜，制作成饮品、食物别有风味。燕麦片是一种健康谷物，具有降低胆固醇、降低血脂、预防心血管疾病的作用，还是一种很好的减肥食品。

▶ 原料

大米	100 克
瘦肉	20 克
燕麦	1 汤匙
罗汉果	1 个

▶ 步骤

1. 大米提前浸泡半小时。
2. 罗汉果洗净、掰开。
3. 瘦肉切碎。
4. 烧一锅水，水烧开后放入大米，大火煮开后放入掰开的罗汉果。
5. 倒入切好的瘦肉，转小火熬煮。
6. 小火煮 3 分钟后捞出罗汉果，这样可以避免煮的时间过长导致的药味过浓。
7. 粥快煮好时倒入燕麦，用勺子顺时针搅拌至燕麦熟烂即可。

▶ 小贴士

挑选罗汉果的窍门：个大形圆，色泽黄褐，壳没有破损，手摇的时候不响，能像乒乓球一样上下弹跳，味甜而不苦者属上品。

NO.12
鳕鱼胡萝卜粥

　　喝粥也要讲究色香味。低脂肪高蛋白的银色鳕鱼，加上明目的橘色胡萝卜，一锅既养眼又营养的粥就这样出炉啦。不过胡萝卜素属于脂溶性物质，只有在油脂中才能被很好地吸收，所以胡萝卜最好的吃法是用油烹调。在煮粥的时候，可以先将胡萝卜用油炒制后再放入大米中同煮，既可以增添香味，又能锁住营养。

● 原料

大米	100 克
鳕鱼	50 克
胡萝卜	50 克
食用油	1 汤匙
食盐	1 茶匙
柠檬汁	3 滴

● 步骤

1. 大米提前浸泡半个小时后沥干水，倒入开水中，用大火煮。
2. 鳕鱼切小片。
3. 待大米煮沸后放入鳕鱼片，转小火慢慢熬煮，锅中滴入柠檬汁，去除鳕鱼的腥味。
4. 胡萝卜切碎或擦成丝，用食用油稍微煸炒一下。
5. 粥快煮好时倒入胡萝卜丝，用勺子顺时针搅拌。
6. 出锅前依据个人口味撒入食盐即可。

NO.13
生滚花蟹粥

生滚粥是一种广东传统粥品，在预先煮好的粥底中加入新鲜肉料，再以小火滚熟。生滚粥花样繁多，有牛肉粥、肉片粥、鱼片粥、滑鸡粥、上什粥、田鸡粥等。除了这些传统品种，用海鲜来煲粥也是不错的选择。比如这道生滚花蟹粥，不仅味道鲜美，而且花蟹含有丰富的蛋白质和微量元素，滋补功效也是一流。

● 原料

大米	100 克
花蟹	1 只
料酒	1 汤匙
食盐	1 茶匙
香葱	1 根
姜	1 小块

● 步骤

1.大米用冷水浸泡半小时，香葱切末，姜切丝。

2.花蟹用刷子刷干净，去除心脏和鳃，敲断蟹钳，剥壳切块。

3.在花蟹中加入料酒腌一会儿，去除腥味。

4.烧一锅水，水开后将沥干水分的大米倒入锅内。

5.大米煮烂后，放入切好的花蟹。

6.放入姜丝，转小火煮至花蟹变红。

7.临出锅前，撒入食盐和香葱末，搅拌均匀即可。

● 小贴士

1.蟹的心脏和鳃都属于大寒大凉之物，不能食用。蟹的心脏是在打开蟹盖子后，嘴后面连着盖子的六角形状的物体。蟹鳃就是包裹在螃蟹身上一条条的物体，一捏会出水。

2.蟹钳可用刀背敲出裂口，这样螃蟹的鲜味会更好地溶入粥里。

3.因为海蟹本身有些咸味所以只需放一点食盐即可。

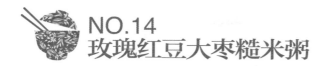

NO.14
玫瑰红豆大枣糙米粥

这是一道非常适合女性滋补的食疗营养粥：玫瑰可以调节情绪，还能缓解脸色暗淡；红豆有较多的膳食纤维，具有润肠通便的作用；糙米的米糠和胚芽部分含有丰富的 B 族维生素和维生素 E，有助于消除沮丧烦躁的情绪，使人充满活力。

❯ **原料**

糙米	100 克
干玫瑰花	20 克
红豆	30 克
大枣	30 克

❯ **步骤**

1. 糙米用清水浸泡一夜。
2. 提前一晚将红豆煮熟。
3. 大枣去核取肉。
4. 烧一锅水，水开后倒入沥干水分的糙米。
5. 大火煮开后，倒入大枣肉和提前煮好的红豆，顺时针搅拌均匀。
6. 倒入干玫瑰花，转小火慢煮，出锅前用勺子顺时针搅拌几分钟，待粥变黏稠即可。

❯ **小贴士**

1. 玫瑰花可以整朵煮，也可以碾碎后放粥里。
2. 大枣去核，不光是为了吃的时候方便，去核后的大枣还不易上火，甜度也会最大程度地融合到粥里。

NO.15
大枣黑芝麻粥

　　有句俗语说："女人不能三日无枣。"女性容易气血两亏，导致肤色暗沉。大枣正可补气、养血。在熬大枣粥的时候加些黑芝麻，里面的维生素 E 也可帮助改善皮肤弹性，使皮肤细嫩、有光泽。

● 原料

大米	100 克
大枣	30 克
黑芝麻	2 茶匙

● 步骤

1. 大米用清水浸泡半小时，捞出沥干水分。
2. 大枣去核取肉，黑芝麻去杂质。
3. 烧一锅水，水开后放入沥干水分的大米，用大火煮沸后，加入大枣肉和黑芝麻，转小火慢慢熬煮，用勺子顺时针搅拌几分钟，待粥黏稠即可。

NO.16
银耳枸杞养颜粥

　　银耳与枸杞是炖甜汤、熬粥的经典搭配。银耳能益气清肠、滋阴润肺，其中含有丰富的蛋白质和维生素，也是美容养颜的滋补佳品。枸杞有降低血糖、抗脂肪肝的作用，并能防止动脉硬化。在干燥的冬天来上一碗，不仅能滋阴益气、生津润燥，心中也会溢满暖暖的幸福感。

▶ **原料**

大米	100 克
干银耳	30 克
枸杞	30 克
冰糖	50 克

▶ **步骤**

1. 大米用清水浸泡半小时。
2. 干银耳泡发后切碎。
3. 烧一锅水，水开后放入浸泡好的大米、银耳碎和枸杞，转小火慢煮。
4. 待大米煮烂、粥黏稠后，放入冰糖搅拌化开即可。

NO.17
乌梅水果冰粥

　　炎炎夏日容易食欲不振，来一碗冰粥最是消暑。乌梅是制作酸梅汤的原料，能生津止渴，还有治疗痢疾、腹泻的作用。酸甜的乌梅搭配水果熬粥，既是主食又是甜品，沁人心脾。不过冰粥寒凉，即便在夏日也不宜多吃哦。

原料

大米	100 克
乌梅	50 克
猕猴桃	100 克
芒果	100 克
冰糖	50 克

步骤

1. 大米用清水浸泡半小时。
2. 猕猴桃和芒果剥皮，切小块。
3. 锅中加入乌梅和适量清水，大火煮开。
4. 倒入沥干水分的大米，再次大火煮开后，转小火慢煮，直至黏稠。
5. 关火后放入冰糖，顺时针搅拌至溶化。
6. 将粥在室温放凉后，再放入冰箱冷藏半小时，然后放入猕猴桃块和芒果块拌匀即可。

小贴士

1. 因为粥里放了乌梅，已经有甜味，所以冰糖不要放太多。
2. 水果可以依据个人喜好随意变换。

NO.18
米汤鸡蛋羹

鸡蛋羹是一道家庭餐桌上的常见菜，不过这道蛋羹比较特别——它是用米汤蒸的。米汤是大米熬稀饭时，凝聚在大米粥表面的那一层浓稠的粥油，也叫米油，可以增强体力、补充元气。用米汤代替清水蒸鸡蛋羹，不光鲜美，营养也更丰富。

> ● 原料

鸡蛋	1 个
米汤	200 毫升
虾皮	1 茶匙
黑芝麻	10 克

> ● 步骤

1. 鸡蛋打散，熬好的米汤放置待恢复常温。
2. 虾皮用水浸泡几分钟，沥干水分。
3. 将蛋液倒入米汤内搅拌均匀，过筛，再放入虾皮。
4. 用保鲜膜将装蛋液的碗包好。
5. 将碗置于蒸锅中火蒸 20 分钟左右，出锅时撒上黑芝麻即可。

NO.19
雪莲子南瓜羹

将南瓜和牛奶一同搅打成糊状,加上营养的雪莲子,煮开后即是香甜好喝的南瓜羹了。南瓜羹虽浓稠却轻甜不腻,含糖量也少,尤其适合在吃了很多大鱼大肉后来上一碗,既解腻,又不给身体增加负担。

原料

雪莲子	50 克
南瓜	250 克
牛奶	200 毫升

步骤

1. 雪莲子洗净后,用冷水浸泡 8 小时以上,至充分涨开。
2. 南瓜去皮切片,上锅蒸熟。
3. 将蒸熟的南瓜放入搅拌机里,倒入一部分牛奶,搅拌成泥状。
4. 将搅拌好的南瓜泥倒入锅中,再倒入剩下的牛奶,用小火慢煮。
5. 放入浸泡好的雪莲子,搅拌均匀,煮沸即可。

小贴士

雪莲子,亦称皂角米,口感黏糯,没有特别的味道,有点像胶皮糖。雪莲子含有的蛋白质和氨基酸很丰富,能抗衰老、抗疲劳、增强免疫力和缓解经期疼痛,长期食用对改善皮肤受紫外线侵害所导致的色素沉着,延缓皮肤的衰老也有一定功效。

主　　食　　变　　变　　变

巧手精致美味面

03

FULL OF FLAVOUR

　　面条在中国人的餐桌上占据着与米饭同等重要的位置。不仅在中国，面条在世界各地也是异彩纷呈：花样繁多的意大利面，清爽劲道的韩式冷面，还有鲜香 Q 弹的日式乌冬面……一碗好面，可能是面条和卤汁巧妙搭配的成果，也可能是与面汤完美融合的结晶。然而无论面条的形式如何变化，我们对它的要求仍然是好吃与管饱这两项最基础、最朴素的条件。

　　由南至北，从中到西，不管是百姓餐桌上最家常的那一碗小葱麻油面，还是星级大厨手下精妙如艺术品般的花式面点，无论或搓或拉，或削或切的制作手法，还是或煮或烩，或炒或炸的烹调方式，变的是面条的做法与口味，不变的是对食物虔诚的态度和对好味道永恒的追求。

NO.1
葱油面

有时候，一碗简简单单的葱油面，就能抚慰人心。没有华丽的配菜，仅仅用最不起眼的葱段，也能烹出别样美味。这道葱油面还可以用香葱制葱油卤，食之更为清香。

○ 原料

面条	150 克
洋葱	50 克
大葱	1 根
蒜	5 瓣
八角	1 个
香叶	3 片
生抽	1 汤匙
食用油	足量

○ 步骤

1. 大葱切段，洋葱切小块。

2. 锅里倒入食用油，放入洋葱、蒜、八角、香叶。

3. 油热后将食材慢慢炸出香味，待洋葱变色后将食材捞出。

4. 油锅中再放入大葱段，用小火慢慢炸，直到葱上色变深后关火，葱油卤就做好了。

5. 另起一锅，加水烧沸，将面条煮熟。

6. 碗里倒入 1 汤匙炸葱的油，淋入生抽，再放上煮好的面，食用时放上炸好的葱，搅拌均匀即可。

○ 小贴士

葱油卤一次可以多炸些，密封好，放冰箱冷藏，随时可以食用。

NO.2
油泼面

　　在各式面食中，我尤其爱陕西的油泼面。新鲜擀制的面条在开水中煮熟后捞起，撒上各种配料，再加上一层厚厚的辣椒面，最后将滚油浇上，伴随着"滋啦"一声，满室飘香。吃的时候，一定要用大碗盛面，葱蒜末也必不可少，这样才够地道、够味、够起劲。挑起一绺面，豪放地入口，直至吃到两鬓汗流，那滋味妙不可言。

● 原料

扯面	200 克
小油菜	50 克
绿豆芽	50 克
食用油	2 汤匙
辣椒粉	1 汤匙
生抽	1 汤匙
陈醋	1 汤匙
食盐	1 茶匙
蒜	3 瓣
大葱	1/4 根

● 步骤

1. 大葱、蒜切末，小油菜、绿豆芽洗净。
2. 烧一锅水，沸腾后放入绿豆芽和小油菜焯熟，沥干铺在大碗底部。
3. 将扯面煮熟，铺在大碗中的蔬菜上。
4. 淋上生抽、陈醋，撒上食盐、葱蒜末和辣椒粉。
5. 烧热食用油，热油分次浇在辣椒粉上即可。

NO.3
宜宾燃面

　　燃面原名叙府燃面，是四川宜宾极具特色的一道传统小吃。因为这种面条吃时不带汤且与各种油料拌和，据说能用火点燃，故得名"燃面"。那裹着花生末、芽菜、辣椒油的红亮面条，麻辣鲜香，即使不能引火即燃，但一定能将你的胃口点燃。

▶ 原料

生切面	150 克	熟辣椒油	1 汤匙
猪肉馅	100 克	酱油	3 汤匙
油炸花生米	2 汤匙	糖	1 茶匙
碎米芽菜	2 汤匙	醋	1 茶匙
甜面酱	2 汤匙	味精	1/2 茶匙
料酒	1 汤匙	香葱	1 根
食盐	1 茶匙	姜	1 小块
香油	2 汤匙	蒜	2 瓣

▶ 步骤

1. 将油炸花生米放入保鲜袋中，用擀面杖将其碾碎。
2. 香葱、姜、蒜切末。
3. 炒锅放油，放香葱末、姜末、蒜末炒香，再放入猪肉馅同炒。
4. 加甜面酱翻炒均匀，淋入少许料酒。
5. 放入碎米芽菜同炒，加入食材一半量的清水，烧沸后继续小火加热。
6. 待汤汁收浓，加食盐调味出锅，即为芽菜肉酱。
7. 锅中加大量水烧沸，下面条煮至断生。
8. 将煮熟的面条沥去水分，放入大盆中，再淋入香油搅拌均匀，使面条互相不粘连。
9. 碗中盛入面条，再依次在面上淋入熟辣椒油、酱油和醋，撒上蒜末、糖、味精、花生碎、芽菜肉酱和香葱末，拌匀即可。

▶ 小贴士

芽菜肉酱可以一次多做些，密封入冰箱冷藏，可随时拌面吃。

NO.4
豆角焖面

　　豆角焖面是一道北方的家常主食。"焖"是指利用水蒸气将面条和豆角焖熟，制作方法和日常的煮面条很不一样，口感也别具特色，香喷喷的特别诱人。

○ 原料

生切面	150 克
四季豆	250 克
五花肉	150 克
老抽	1 汤匙
食盐	1 茶匙
白糖	1 茶匙
大葱	1 根

○ 步骤

1. 四季豆择须、掐段，五花肉切片，大葱切小段。
2. 炒锅入油，七成热时放入葱段炒香，再放入五花肉煸炒。
3. 炒至五花肉微出油，放入四季豆翻炒。
4. 待四季豆炒至微软，淋入老抽，撒入食盐和白糖，翻炒均匀。
5. 加入没过食材的开水，大火烧开。
6. 转小火焖 3 分钟，然后盛出一半的汤汁。
7. 把生切面铺在锅里的食材上，盖上锅盖，用小火焖。
8. 焖的过程中，留意锅里的汤，汤不够的时候，把刚盛出的汤沿锅边加入，继续焖。
9. 至汤汁即将收干、面条软熟后，将四季豆与面条翻拌均匀即可装盘。

NO.5
川味凉面

　　世界上许多地方都有自己风味独特的凉面，比如酸酸甜甜的朝鲜冷面，以及又香又辣的川味凉面。这道川味凉面香辣开胃，却又清凉弹爽，不会让人吃得汗流浃背，非常适合夏天食欲不振的时候来上一碗。

◐ 原料

手擀面	200 克	生抽	3 汤匙
黄瓜	50 克	醋	1 汤匙
绿豆芽	50 克	糖	1 茶匙
炸花生仁	30 克	花椒油	1 茶匙
食用油	2 汤匙	芥末油	1 茶匙
食盐	1 茶匙	熟辣椒油	1 茶匙

◐ 步骤

1. 炸花生仁装入保鲜袋中，用擀面杖碾碎。
2. 绿豆芽在开水锅中烫到断生后捞出，黄瓜切丝。
3. 锅中加大量水烧沸，下面条煮至刚断生。
4. 煮好的面条过凉水，沥干水分，淋入食用油搅拌均匀，以防面条粘连。
5. 面条装入碗中，放入绿豆芽和黄瓜丝。
6. 依次调入食盐、生抽、醋、糖、花椒油、芥末油。
7. 浇上熟辣椒油，撒上花生碎搅拌均匀即可。

NO.6
素版炸酱面

炸酱面是老北京的传统特色小吃，分为面条、菜码和炸酱三部分。过去老北京人做炸酱面有很多讲究，用料和工序也比较复杂。这里介绍一款简单清爽的纯素版炸酱面，适合夏天，吃起来也一样色香味俱全。

● 原料

挂面	200 克
豆瓣酱	250 克
黄瓜	100 克
鸡蛋	2 个
蒜	4 瓣
香葱	1 根
食用油	4 汤匙

● 步骤

1.鸡蛋打散，香葱切成葱花。

2.黄瓜切丝，剥好蒜瓣。

3.炒锅入2汤匙食用油，油七成热时倒入鸡蛋液，翻炒至蛋液略凝固后盛出。

4.炒锅内再补入2汤匙食用油，放入葱花爆香。

5.加入豆瓣酱炒匀，然后加入炒好的鸡蛋，继续翻炒均匀即成炸酱（要是觉得酱太干，可以淋入一点开水）。

6.另取一锅倒入足量清水，将挂面煮熟后在凉白开中冲一下，沥干水分盛在碗中，码上黄瓜丝、蒜瓣，浇上炸酱即可。

● 小贴士

豆瓣酱本身就有咸味，因此拌面时不用放盐；如果觉得味道不够，可以在炒酱的时候适当加一点食盐。

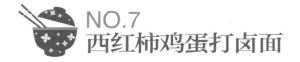

西红柿鸡蛋打卤面

　　打卤面是一种北方的家常面食，西红柿鸡蛋打卤面又是其中最为家常的吃法。打卤面的卤分为"清卤"和"混卤"两种，做法不同，吃到嘴里的滋味也不同。清卤又叫"氽儿卤"，与混卤的区别是不需要勾芡。这道西红柿鸡蛋打卤面用的是清卤，每一根面条上都裹满了卤汁，吃起来有滋有味。

❷ 原料

挂面	200 克
西红柿	200 克
鸡蛋	3 个
料酒	1 汤匙
食盐	1 茶匙
白糖	1 茶匙
香葱	1 根
食用油	4 汤匙

❷ 步骤

1. 鸡蛋打入碗中，在蛋液中加入料酒和少许清水后打散；香葱切成葱花。
2. 西红柿去皮，切成大小均匀的块。
3. 炒锅里加入 2 汤匙食用油，用中火将油烧到六成热，倒入蛋液用铲子搅散，待蛋液基本凝固后盛出。
4. 锅中再加入 2 汤匙食用油，倒入西红柿块煸炒一会儿。
5. 炒至西红柿有汤汁溢出时，倒入炒好的鸡蛋翻炒，撒入食盐、白糖翻炒均匀。
6. 倒入少许清水煮 1 分钟，待汤汁变浓稠后撒入葱花即为卤汁，盛出。
7. 锅中倒入足量清水，大火煮开后放入挂面煮熟，捞出，稍稍沥干后盛在碗中，将卤汁浇在面上即可。

NO.8
滇味炒饵块

　　用稻米舂制而成的饵块是云南特有的一种食物。饵块的吃法很多,蒸、炒、炸、煮皆可。云南十八怪之一的小吃"大救驾",便是腾冲特色的炒饵块,吃起来鲜香油润,味道别具一格。

● 原料

饵块	250 克
腊肉	50 克
酸腌菜	20 克
小白菜	100 克
老抽	2 汤匙
白糖	2 茶匙
食盐	1 茶匙
食用油	2 汤匙
大葱	半根

● 步骤

1. 饵块切成大小一致的薄片。
2. 腊肉切薄片。
3. 小白菜切成两段,酸腌菜切末,大葱切小段。
4. 炒锅入 1 汤匙食用油,倒入腊肉翻炒,炒至肥肉部分变黄出油、腊肉卷曲后盛出。
5. 炒锅中再补入 1 汤匙油,加热后倒入饵块片,转小火翻炒均匀。
6. 加入酸腌菜末,再加入炒好的腊肉和葱段,淋入老抽,翻炒均匀。
7. 饵块表面微干上色后,加入小白菜翻炒。
8. 撒入白糖、食盐调味,翻炒均匀即可。

● 小贴士

饵块可以用年糕代替,腊肉可以用火腿或鲜肉片代替,小白菜也可以根据个人口味换成其他青菜。

鸡丝凉拌米线

说起米线，最容易联想到的便是云南。有民歌曰："米线摊上最热闹，辣子酸醋加花椒。一堆阿妹吃米线，嘴巴辣得吹哨哨。"云南人可以说把米线的做法发挥到了极致——最普通的做法是用小砂锅煮熟带汤食用，还可以如过桥米线那样用覆着厚厚一层油的热汤将切得极薄的食材烫熟。至于夏日居家做米线，首选便是方便好吃的凉拌米线了。

原料

米线	150 克
黄瓜	50 克
胡萝卜	50 克
鸡腿	1 个
料酒	1 汤匙
生抽	2 汤匙
陈醋	1 汤匙
食盐	1 茶匙
白糖	1 茶匙
鸡精	1/2 茶匙
芝麻	1/2 茶匙
辣椒油	1 汤匙
大葱	半根
姜	1 小块

步骤

1. 米线在温水中浸泡一小时，大葱切段，姜切片。
2. 烧一锅清水，水开后放入鸡腿，淋入料酒，放入葱段和姜片继续煮。
3. 将生抽、陈醋、食盐、白糖、鸡精、芝麻和辣椒油混合均匀，调成调味汁。
4. 黄瓜和胡萝卜切丝。
5. 待鸡腿煮熟，放凉后撕成鸡丝。
6. 锅中放入足量的水，烧开后放入泡好的米线，煮至米线没有硬心后捞出用凉水冲凉，沥干水分。
7. 将沥水后的米线盛入碗中，加入调味汁、鸡丝、黄瓜丝和胡萝卜丝，搅拌均匀即可。

小贴士

这款鸡丝凉拌米线，用的是云南红米做成的红米线。红米线干的时候红色比较明显，但煮熟后，只会有淡淡的粉。如果买不到红米线，普通米线也可以。

NO.10
干拌香菇鲍鱼面

　　这道面叫作"鲍鱼面"并不是因为使用了名贵的鲍鱼做浇头,而是使用市售的"鲍鱼面"煮成。这是种添加了鲍鱼汁的非油炸半成品面,面条本身就带有鲜味,搭配香菇提味就更加好吃了。

原料

鲍鱼面	100 克
香菇	50 克
尖椒	20 克
香菜	15 克
甜面酱	2 汤匙
食用油	2 汤匙

步骤

1. 香菇切片。
2. 尖椒切丝。
3. 炒锅入油,七成热时放入香菇翻炒。
4. 香菇炒蔫后,放入尖椒,再倒入甜面酱翻炒。
5. 出锅前撒入香菜碎,即成香菇酱。
6. 另取一锅,倒入清水,水烧开放入鲍鱼面。
7. 煮熟的鲍鱼面沥干水,拌入香菇酱即可。

小贴士

如果没有鲍鱼面,也可以用其他面条代替。

NO.11
港式餐蛋面

　　餐蛋面是港人至爱,也是香港茶餐厅的必备菜。餐蛋面中的"餐"指的是午餐肉,"蛋"是煎蛋,"面"就是方便面。正宗的餐蛋面要用"梅林"牌的午餐肉和"出前一丁"牌的方便面。一个人在家不知道吃什么好时,简便又美味的餐蛋面可以说是最佳选择。

○ **原料**

方便面	1包	午餐肉	2片
鸡蛋	1个	食用油	1汤匙

○ **步骤**

1. 平底锅中淋入少许食用油,中火将鸡蛋煎成太阳蛋(蛋白熟,蛋黄略生)。

2. 锅中放入余下的食用油,将午餐肉煎至两面金黄。

3. 锅中放入适量清水,水开后将方便面放入,再放入调味包,煮大约3分钟,将面条倒入面碗中,码上煎好的午餐肉和煎蛋即可。

○ **小贴士**

为了做到营养均衡,还可以放些自己喜欢的蔬菜。

NO.12
蛋炒河粉

河粉源于广州沙河，是当地的一种特色小吃，在广东、广西和东南亚各地都很流行。河粉的原料是大米，将其磨成粉后加水调成糊，上笼蒸熟，冷却后再划成条状即成。河粉做法多样，可以炒着吃，还能与牛腩、午餐肉一起同煮成汤粉，都很美味。

● 原料

干河粉	50 克
黄豆芽	30 克
韭菜	20 克
干辣椒	15 克
鸡蛋	2 个
料酒	1 汤匙
食用油	4 汤匙
姜	1 小块
老抽	1 汤匙
食盐	1 茶匙

● 步骤

1. 干河粉用开水泡软后过凉水，黄豆芽、韭菜切段，姜切丝。
2. 鸡蛋加料酒和少许清水打散，炒锅入 2 汤匙食用油，七成热时倒入鸡蛋液，待鸡蛋凝固时盛出。
3. 炒锅再入 2 汤匙食用油，七成热时放入干红辣椒和姜丝炒香。
4. 放入豆芽和韭菜翻炒，再放入提前炒好的鸡蛋翻炒均匀。
5. 放入泡软的河粉，淋入老抽，撒入食盐调味，快速翻拌均匀即可。

NO.13
番茄肉酱意面

意大利面由于烹制简单又好吃，很受生活节奏快的年轻人欢迎。意大利面由蛋白质含量非常高的杜兰小麦制成，口感比普通面条筋道，且耐煮。按酱的种类，可以将意大利面分为红酱意面、青酱意面、白酱意面和黑酱意面，其中最为大家所熟悉的应该是红酱意面中的番茄肉酱意面。

◐ 原料

意大利面	80 克
猪肉馅	20 克
西红柿	100 克
洋葱	30 克
无盐黄油	20 克
食盐	1 茶匙
黑胡椒粉	1/2 茶匙
橄榄油	1 汤匙
蒜	3 瓣

◐ 步骤

1. 肉馅中调入食盐、1/4 茶匙黑胡椒粉搅拌均匀，腌制片刻。
2. 西红柿去皮后切小块。
3. 洋葱切丁，蒜切末。
4. 煮一锅清水，水开后将意大利面放入，直到面煮软、全部浸入水中，撒入少许食盐，中火煮 8~10 分钟，煮至没有硬心，然后捞出沥干水分，拌入橄榄油防止粘连。
5. 炒锅中放入 10 克无盐黄油，待黄油化开后放入蒜末炒香，再放入腌好的肉馅翻炒至变白，盛入盘中。
6. 炒锅中再放入 10 克无盐黄油，化开后放入洋葱丁翻炒。
7. 洋葱丁炒软后放入西红柿翻炒，撒入食盐调味，中火继续将西红柿熬至呈酱汁状。
8. 酱汁略收干时放入炒好的肉馅，撒入余下的黑胡椒粉，翻炒均匀，将酱汁浇到煮好的面上即可。

NO.14
松子菠菜炒意粉

意粉是意大利面的另一种称呼。它的形状多种多样，除了常见的条状、管状、蝴蝶状，还有螺丝状、贝壳状等林林总总数百种。这款造型别致的麋鹿状意粉，搭配香味浓郁的松子和鲜嫩的菠菜苗，无论外观还是口感，都充满了浓浓的异域风情。

○ 原料

麋鹿状意粉	80 克	黑胡椒粉	1/2 茶匙
菠菜苗	50 克	食盐	1 茶匙
松子仁	2 汤匙	食用油	2 汤匙
橄榄油	1 茶匙	蒜	4 瓣

○ 步骤

1. 菠菜苗洗净，蒜切末，然后烧一锅清水，水开后加入意粉，滴入橄榄油以防粘锅，待意粉煮熟后捞出。
2. 炒锅入油，七成热时倒入蒜末翻炒。
3. 蒜末炒至微黄时，放入松子仁和菠菜苗，继续翻炒几下。
4. 放入煮好的意粉，继续翻炒。
5. 出锅前撒入黑胡椒粉和食盐，炒匀即可。

○ 小贴士

1. 煮意粉的时候为了防止粘锅，除了橄榄油，还可以在锅中撒一点食盐。
2. 菠菜苗也可以用其他绿叶蔬菜代替。
3. 这道意粉用的是生松子仁，要炒到颜色微黄才够香。

NO.15
荞麦冷面

　　冷面不论是在朝鲜半岛还是中国东北，都是一种很受欢迎的主食。荞麦面含有丰富的膳食纤维，经常吃能预防便秘和肥胖症，是一种非常健康的粗粮。炎热夏天来碗荞麦冷面，滑爽的面条搭配酸甜可口的汤汁，营养又开胃。

◆ 原料

荞麦面	150 克
牛肉	100 克
黄瓜	50 克
小西红柿	80 克
苹果	50 克
鸡蛋	1 个
食盐	1 茶匙
米醋	3 汤匙
白砂糖	1 茶匙
韩式辣酱	1 汤匙
辣白菜	1 汤匙
白芝麻	1 茶匙
蒜	2 瓣

◆ 步骤

1. 提前一天煮好牛肉，煮牛肉的汤放凉后冷藏；鸡蛋煮熟；荞麦面放入冷水中浸泡一小时回软。
2. 小西红柿和煮熟的鸡蛋对半切开，苹果切片。
3. 黄瓜切丝，牛肉切片，蒜切末。
4. 烧一锅清水，水开后放入泡好的荞面，大约煮 2 分钟后捞出面条，用冷水冲洗几遍。
5. 取出煮牛肉的汤，淋入米醋，加入食盐和白砂糖调成冷面汤汁。
6. 将煮好的荞麦面倒入调好的汤汁，在面上码黄瓜丝、牛肉片、苹果片、煮鸡蛋、小西红柿、蒜末、辣白菜、韩式辣酱，最后撒上白芝麻即可。

◆ 小贴士

苹果也可以用梨来代替。

NO.16
韩式凉拌玉米面

吃完了酸甜滑爽的朝鲜冷面，下面再给大家介绍一道也非常适合夏天解暑、开胃的韩式美食——凉拌玉米面。玉米不仅是主要的粮食作物，也因其富含多种维生素和纤维素而被视为理想的养生食品，尤其在排毒、抗衰老和预防肿瘤等方面有显著的功效，所以想健康长寿，多吃些玉米吧！

◆ 原料

玉米面	2把
鸡蛋	1个
黄瓜	半根
辣白菜	适量
韩式辣酱	2汤匙
生抽	2汤匙
橙汁	1汤匙
盐	1茶匙
白醋	1汤匙
香油	适量

◆ 步骤

1. 鸡蛋煮熟切两半，黄瓜和辣白菜切丝。
2. 取一小碗，将韩式辣酱、生抽、橙汁、盐、白醋搅拌均匀，即为味汁。
3. 锅里烧开水放入玉米面。
4. 玉米面煮至没有硬芯时，捞出、过凉水，然后沥干水分。
5. 沥干的玉米面里淋入少许香油，搅拌均匀防止面粘连。
6. 淋入备好的味汁拌匀，然后码上黄瓜丝、辣白菜和白切蛋即可。

NO.17
咖喱乌冬面

　　乌冬面是一种日式面条，也叫"乌龙面"。在日本，乌冬面作为大米的替代食物，是一种非常受欢迎的平民主食。乌冬面较粗，口感软糯Q弹，做成热汤面，冬天来上一碗十分带劲。

● 原料

乌冬面	100克	鱼丸	50克
胡萝卜	50克	食用油	2汤匙
小西红柿	60克	咖喱粉	1汤匙
香干	50克	咖喱块	1块
菠菜苗	30克	食盐	1茶匙
鲜香菇	30克		

● 步骤

1. 胡萝卜切片，小西红柿和香干切两半。
2. 锅内倒入食用油，油七成热时撒入咖喱粉炒香。
3. 放入小西红柿炒软，再倒入适量清水，放入鱼丸。
4. 汤煮开后放入乌冬面、鲜香菇、香干和胡萝卜片。
5. 汤再次煮开后放入咖喱块，待咖喱块融化后放入菠菜苗。
6. 撒入食盐，搅拌均匀即可。

方便可口中式点心

04

FULL OF FLAVOUR

　　随着西方文化的东渐，年轻人开始追捧洋快餐，中式点心在逐渐走向没落。那些存在于童年记忆中的青团、面人、糖画、巧果、面灯已经渐渐淡出了人们的视线，饺子、粽子、月饼由于机械化生产也褪去了往日的温情。现在的孩子们几乎已经没有那些一起包饺子、裹粽子、贴窗花、扎风筝的记忆了。

　　这也难怪，因为在大家的印象中，传统的中式点心大多工艺复杂，对厨艺的要求比较高，如果在家中自制，付出的劳动和成果不成正比。其实这些美食并不仅仅是古老技法的传承，一家人在一起做饭的乐趣也是吃买来的快餐体会不到的。下面我就来介绍一些简单易学的中式点心，希望能你能在自己动手的过程中唤回那些被时光掩埋的温情岁月。

NO.1
麻酱烧饼

麻酱烧饼是街头早餐店里很常见的一种小吃，经常搭配着豆浆或豆腐脑卖。因为用烤箱烤制，较一般的油煎烧饼香味更加浓郁，口感更有层次，特别是刚出炉的烧饼，浓香的麻酱层层包裹于酥脆的面皮中，加上油香的白芝麻，那滋味别提有多诱人了。

◐ 原料

面粉	200 克
芝麻酱	50 克
白芝麻	20 克
香油	10 克
干酵母	2 克
盐	5 克
花椒粉	1 茶匙
蜂蜜	1 茶匙
细砂糖	1/2 茶匙

◐ 步骤

1. 将面粉、干酵母、盐、细砂糖混合均匀，然后加入水揉成面团。

2. 将面团揉到有弹性，盖上保鲜膜醒 20 分钟。

3. 芝麻酱加香油、盐、花椒粉搅拌均匀，成麻酱。

4. 将醒好的面团擀开，擀成大的薄面皮。

5. 在面皮上均匀地涂一层调好的麻酱。

6. 从面皮的一头卷起，一边卷一边拉抻面皮，尽量多卷几圈，然后将卷好的面团均匀切成 6 份。

7. 切好的面团用手将两头的截面捏拢，使麻酱不露在外面。

8. 将面团竖着放在案板上，用手掌压扁，然后用擀面杖擀成圆饼状。

9. 蜂蜜加水调成蜂蜜水，然后涂在面饼上面。

10. 将涂有蜂蜜水的一面在白芝麻里压一下，使面饼均匀地沾上芝麻。

11. 面饼粘芝麻的一面朝上摆放在烤盘里，将烤箱预热至 180℃，然后将烤盘放入，烤 20 分钟左右即可。

NO.2
胡萝卜蛋饼

　　胡萝卜营养丰富，味道却并不是所有人都喜欢。不妨试试把胡萝卜擦成细丝，与鸡蛋一起摊成饼，它的味道就会变得温和易入口了。

● 原料

胡萝卜	150 克
面粉	80 克
鸡蛋	1 个
食用油	2 汤匙
食盐	1 茶匙
大葱	半根

● 步骤

1. 胡萝卜洗净，用刨丝刀擦成细丝，大葱切末放入大碗中。
2. 加入鸡蛋、面粉和食盐。
3. 按顺时针方向搅拌至混合物成糊状。
4. 在平底锅中倒入食用油，小火烧热后倒入一勺面糊，用铲子摊平，两面煎成金黄色即可。

NO.3
香芹叶鸡蛋饼

做芹菜的时候，我们往往只取其茎，而把叶子摘掉丢弃。其实芹菜叶子中的营养远远高于茎，比如胡萝卜素和维生素 C 的含量，叶就分别是茎的 88 倍和 13 倍。所以，炒完芹菜不妨再顺手用芹菜叶做个鸡蛋饼吧。菜和主食都有了，还有丰富营养,何乐不为呢?

◐ 原料

芹菜叶	30 克
鸡蛋	2 个
食盐	1/2 茶匙
黑胡椒粉	1/2 茶匙

◐ 步骤

1. 鸡蛋打散，芹菜叶切碎。
2. 炒锅内倒入少许油，油温六成热的时候倒入鸡蛋液。
3. 鸡蛋不用翻面，半熟的时候均匀地撒上一层菜芹叶，转小火。
4. 在表面撒上食盐和黑胡椒粉。
5. 待芹菜叶变蔫，最上层蛋液凝固即可出锅切块食用。

NO.4
鲜虾桂花糯米饼

　　糯米一般用于制作粽子或蒸制成糯米饭。如果吃腻了老一套，不如换个花样，试试将糯米做成饼。滋软的糯米中放入了新鲜的虾仁，味道非常鲜美，再加上桂花的宜人香气，是一道很可口的主食。

● 原料

糯米	100 克
鲜虾	300 克
鸡蛋	1 个
桂花	1 汤匙
黑芝麻	1 茶匙
食盐	1 茶匙
淀粉	1 茶匙
鸡精	1/2 茶匙

● 步骤

1. 糯米洗净，浸泡 2~3 个小时，沥干水分。
2. 鲜虾去壳，挑去虾线，用刀背剁成虾蓉。
3. 虾蓉中放入淀粉、食盐、鸡蛋、桂花、鸡精，搅拌均匀成虾馅。
4. 将虾馅均匀地铺平在盘子里。
5. 虾馅上撒上沥干水的糯米，再撒一层黑芝麻。
6. 蒸锅中入水烧开，然后放入装虾馅的盘子，蒸 20 分钟左右即可。

香煎花生豆腐饼

　　豆腐历来是中国人餐桌上不可或缺的食物，质地淳朴却能有万千变化，无论是煎、炒、炸、炖，都很美味。把豆腐捣碎了做成饼，是一种比较新鲜的吃法，更大程度发挥了豆腐的无穷潜力。豆腐饼口感绵软，加入了香脆的花生碎粒，别有一番滋味。

❏ 原料

豆腐	250 克
熟花生米	30 克
香菜	20 克
鸡蛋	1 个
黑芝麻	1 茶匙
土豆淀粉	1 茶匙
食盐	1 茶匙
黑胡椒粉	1/2 茶匙
食用油	1 汤匙

❏ 步骤

1. 将熟花生米装入保鲜袋中，用擀面杖擀压成碎粒。
2. 豆腐用开水烫一下，放在纱布或无纺布里，然后将豆腐揉碎。
3. 香菜切碎，放入豆腐碎里，再加入鸡蛋、黑芝麻、土豆淀粉、食盐和黑胡椒粉，搅拌均匀。
4. 将拌匀的豆腐碎揉成大小均等的圆球，在花生碎里滚一下，使其表面沾满花生碎。
5. 不粘锅中倒入食用油，油温五成热时放入豆腐球，用铲子轻轻将豆腐球按扁，用中小火慢慢煎，3 分钟后翻面，煎至两面呈金黄色即可。

❏ 小贴士

1. 豆腐最好选择北豆腐，不易碎。
2. 翻面时动作要轻柔，虽然豆腐饼中的鸡蛋和土豆淀粉能帮助饼成型，但毕竟豆腐比较柔嫩，仍旧需要小心翻面。

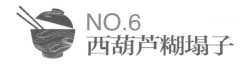

NO.6
西葫芦糊塌子

　　糊塌子是一种老北京的吃食，做法简单，却饼软菜嫩，深得大众喜欢。传统的北京糊塌子吃的时候还会佐以用醋、蒜泥、食盐和少许香油调成的料汁，因而风味十分独特。

❷ 原料

西葫芦	200 克
面粉	80 克
鸡蛋	1 个
食盐	1 茶匙
大葱	半根
姜	1 小块
五香粉	1/2 茶匙
食用油	2 汤匙

❷ 步骤

1. 西葫芦用刨丝刀擦成丝，放入大碗中，加入食盐，搅拌均匀腌制片刻，大葱和姜切末。

2. 待西葫芦丝稍变软，加入鸡蛋、面粉、葱姜末和五香粉，搅拌成糊状。

3. 平底锅中倒入食用油，小火烧热后舀入一勺面糊，用铲子摊平，两面煎成金黄即可。

NO.7
葱香肉饼

肉饼是一道北方的家常主食。猪肉馅裹在面饼中，在热油上那么一煎，真是鲜香四溢，光是闻闻就让人直流口水。这款肉饼的饼皮做法简单，无须发酵，将面粉和温水搅拌均匀，揉成面团即可，更适宜家庭制作。

◑ 原料

面粉	200 克	香油	1/2 茶匙
猪肉馅	200 克	白胡椒粉	1/2 茶匙
大葱	100 克	食盐	1 茶匙
料酒	2 茶匙	糖	1 茶匙
生抽	1 汤匙	鸡精	1/2 茶匙
老抽	2 茶匙	食用油	1 汤匙
蚝油	2 茶匙		

◑ 步骤

1. 面粉倒入大碗中，将温水分次倒入面粉中搅拌，用手揉成光滑的面团，然后把屉布浸湿盖在面团上，静置半个小时。

2. 大葱切碎，放入猪肉馅中，淋入料酒、生抽、老抽、蚝油、香油，再撒入白胡椒粉、食盐、糖、鸡精，搅拌均匀后腌制 20 分钟。

3. 案板上撒一些干面粉，将面团放在案板上揉成长条，切成四份，然后取其中一份擀成长圆形面片后，将肉馅摊在面片上，覆盖 3/4 即可，留下 1/4 的空白，上下各留出一点空白。

4. 抬起一侧的面坯，往另一侧折叠 2 次。

5. 将面片空白部分叠起，轻轻按几下封住口，上下留出的空白面坯也捏紧，然后往下折叠。

6. 锅中倒入食用油，中火烧至五成热后，放入面饼转小火。

7. 肉饼用小火煎成双面金黄色即可。

NO.8 山药豆沙糕

山药入菜，常见于炒、炖，口感或脆爽或绵软，都很美味。山药也能用来做点心，最常见的是把山药捣成泥后加糖蒸，味道也不错。而将豆沙包入山药中，就成了这道既可做点心，又可当主食的山药豆沙糕，不光营养，还很甜蜜呢。

❍ **原料**

山药	200 克
红豆沙	80 克
玉米淀粉	2 汤匙

❍ **步骤**

1. 山药去皮切小块，用保鲜袋装好，放入微波炉，大火加热 4 分钟。
2. 加热好的山药放凉后，用搅拌机打成泥状。
3. 玉米淀粉放入微波炉，大火转 3 分钟。
4. 红豆沙团成小球。
5. 手上沾些玉米淀粉，取适量山药泥按成饼状，再放上一个豆沙球。
6. 用山药饼包好豆沙球，收口滚圆。
7. 将山药豆沙球放入月饼模具中，压成型即可。

❍ **小贴士**

1. 山药要选外形比较直、口感比较面的品种。
2. 山药的黏液接触到皮肤会引起瘙痒，因此给山药去皮时最好戴上手套。
3. 这道山药豆沙糕最好即做即食，也可以用保鲜盒放冰箱冷藏保存，但冷藏后口感会硬些。

NO.9
南瓜发糕

中国的发糕类似于西方的蛋糕。不过，蛋糕通常使用泡打粉令面糊在烘烤中膨胀，而发糕用的是纯天然的酵母粉，不含添加剂更健康，并且松软香甜的程度不亚于蛋糕，做法又比蛋糕简单，无须烤箱，更适合中国家庭。

● 原料

南瓜	300 克
白糖	20 克
面粉	260 克
酵母粉	3 克
蔓越莓	1 汤匙
朗姆酒	1 汤匙

● 步骤

1. 南瓜去皮切片，用蒸锅蒸熟或者微波炉高火加热 4 分钟。
2. 蒸好的南瓜片放凉后加入白糖，用搅拌机打成泥。
3. 将南瓜泥、面粉、酵母粉放入面包机，再加 90 毫升清水搅拌均匀。
4. 将面糊放入模具里，盖上保鲜膜后进行发酵。
5. 蔓越莓用朗姆酒浸泡。
6. 待面糊发酵两倍大后，将泡好的蔓越莓摆在面糊上。
7. 面糊放进蒸锅，大火加热至水开后转中火，蒸 25 分钟后关火再焖 5 分钟即可。

● 小贴士

1. 蒸南瓜发糕时添加一些干果蜜饯，味道格外好。这里用的是蔓越莓干，也可以用葡萄干。
2. 朗姆酒也可以用清水代替。

NO.10
黑芝麻奶香馒头

　　馒头是中国人餐桌上一种重要的主食。普通的白面馒头，就着一碗粥，简单质朴，却有着抚慰人心的暖意。若想翻新花样，还可以在馒头中加入各种配料，无论甜咸都好吃。比如用牛奶代替清水和面，再加上打成粉末的黑芝麻做出来的馒头，不仅兼顾了营养和口味，还有些中西合璧的味道。

◐ 原料

黑芝麻	20 克
面粉	250 克
牛奶	150 毫升
酵母粉	3 克

◐ 步骤

1. 将锅烧热，无须用油，放入黑芝麻小火炒出香味，然后用搅拌机打成粉末状，再与面粉混合均匀。
2. 将牛奶加热至不烫手的程度，将酵母粉溶于温牛奶中。
3. 牛奶倒入面粉中搅拌，揉成光滑的面团。
4. 面团放在盆中，盖上保鲜膜，放在温暖的地方发酵一小时，至原来的 2 倍大。
5. 取出发酵好的面团，揉成长条状，切成大小均匀的 10 份，静置 10~15 分钟。
6. 将馒头生坯放在蒸架上，冷水上锅，大火烧开后转中火蒸 20 分钟，蒸好后关火焖 5 分钟即可。

◐ 小贴士

1. 静置面团时最好在面团上覆盖一层保鲜膜，以免表面干燥开裂。
2. 发好的馒头一定要冷水上锅蒸，且蒸好后不能立刻打开盖子，以免温度和压力的忽然变化导致蓬松的馒头塌陷。
3. 为了防止粘锅，需要在蒸架上铺一层屉布。

豆沙包

香甜可口的豆沙包是许多人喜爱的早餐主食，不仅口感细腻，也便于家庭自制。空闲时多做一些冷冻保存，就是 DIY 的速冻豆沙包，吃前上笼蒸一下，快捷又方便。

○ 原料

面粉	250 克
酵母粉	3 克
红豆沙	250 克

○ 步骤

1. 将面粉和酵母粉混合，再一点点加入清水 140 毫升，揉成光滑的面团。

2. 将面团放入盆中，包上保鲜膜，放于温暖的地方发酵至原来的 2 倍大。

3. 手上抹少许食用油，然后将豆沙馅搓成大约 20 克一个的圆形小球。

4. 取出发酵好的面团重新揉圆，然后分成大约 30 克一个的小剂子，再擀成圆形面皮。

5. 将豆沙球放在面皮中间。

6. 将面皮收口，捏紧，使馅被完全包住。

7. 将收口朝下，再用手掌按压，整理一下形状，使其滚圆。

8. 在豆沙包生坯上盖上保鲜膜，醒发 10 分钟左右。

9. 蒸锅内注入大半锅水，将醒好的豆沙包排列在蒸架上，然后盖上锅盖，大火烧开后转中火，蒸 15 分钟左右，再关火焖 5 分钟即可。

○ 小贴士

1. 发好的包子一定要冷水上锅蒸，且蒸好后不能立刻打开盖子，以免温度和压力的忽然变化导致蓬松的包子塌陷。

2. 为了防止粘底，需要在蒸架上铺一层屉布。

149

NO.12
韭菜合子

　　韭菜合子是一种中国北方的家常面点，一般做成类似饺子的形状，做法和吃法都与馅饼大致相同。韭菜合子最好选用春季头刀韭菜做馅，将表皮烙得金黄酥脆，馅心韭香脆嫩，滋味妙不可言。

◗ 原料

面粉	300 克
韭菜	100 克
鸡蛋	2 个
虾皮	1/2 汤匙
十三香	1 茶匙
食盐	1 茶匙
鸡精	1/2 茶匙
食用油	适量

◗ 步骤

1. 将 200 毫升热水与面粉和成光滑的面团，静置 30 分钟。
2. 鸡蛋打散炒成小碎块，韭菜切碎，然后加入虾皮、十三香、鸡精、食盐，顺时针拌均匀，即为合子馅儿。
3. 将面团揉成长条，切成大小均匀的剂子，再擀成大饺子皮，舀一勺合子馅儿放在面皮上。
4. 将面皮对折后捏合，捏出花边，平底锅里放少许食用油，用小火烙至两面均呈金黄色即可。

◗ 小贴士

1. 和面的时候要用热水，这样烫出的面团比较软，做饼类比较适合。
2. 面皮不能过厚，否则烙的时候很容易外皮已经发焦，里面还没有熟。
3. 拌馅的时候要最后放食盐，搅拌时间也不宜过长，因为盐会使韭菜出水，影响馅料的味道。
4. 捏花边的具体方式是：从捏合后的边缘最下角开始，向上斜着折一下，然后在折好的一半位置再向上折一下，不断重复折叠，就能形成漂亮的花边。其实不折花边也没有关系，一样好吃！

NO.13
绿皮韭菜鸡蛋饺子

　　北方有句俗话叫"好吃不过饺子"。几乎在所有重大节日，北方人都要吃饺子庆贺，因为一盘饺子在他们心中，就象征着团圆和喜庆。尤其一家人围坐在一起包饺子，那种家常又热闹的幸福感无可比拟。

原料

菠菜	250 克		鸡蛋	4 个
饺子粉	300 克		食盐	2 茶匙
韭菜	200 克		胡椒粉	2 茶匙
虾仁	100 克		食用油	适量

步骤

1. 鸡蛋打散，炒锅里放半碗食用油，在油刚刚温热的时候倒入鸡蛋液，用筷子顺时针不停搅拌，直到鸡蛋成为小碎块。

2. 韭菜切碎，虾仁剁蓉，然后和炒熟的鸡蛋放入大碗中。

3. 放入食盐、胡椒粉，顺时针搅拌均匀。

4. 菠菜切碎，放入搅拌机，加入 140 毫升清水，搅拌均匀。

5. 滤出绿色的菠菜汁。

6. 取一大盆，放入饺子粉，倒入菠菜汁。

7. 揉成光滑的面团，静置 10 分钟。

8. 将面团揉搓成长条，然后切成大小均匀的剂子。

9. 在案板上撒少许饺子粉，将小剂子滚圆，用手掌按扁。

10. 用擀面杖将剂子擀成中间稍厚、边缘稍薄的饺子皮。

11. 在饺子皮中间放上饺子馅，然后将饺子皮上下两端的中间位置捏合。

12. 用双手的拇指和食指，按着饺子皮的边缘，向中间稍稍挤压一下，捏紧开口处，饺子就包好了。

小贴士

1. 菠菜汁不需要一次性全部倒入到饺子粉中，由于大家所使用的面粉吸水力不同，可以一点一点加入菠菜汁，只要能揉成光滑的面团即可。

2. 饺子有很多种形状，也有很多种包法，这里介绍的是较为简单，不需要一个褶子一个褶子去折叠的包法。

NO.14
韭菜虾仁馄饨

馄炖绝对是世界上"马甲"最多的吃食了——四川称抄手,湖北叫包面,江西称清汤,皖南叫包袱,广东称云吞,福建叫扁肉……光是听名字就让人眼花缭乱,更别说不同地方在烹饪手法上的差别了。下面就介绍最常见的一种,简便易操作,即使没有面点烹饪经验也能轻松上手。经典的韭菜虾仁馅儿吃不完还能用来包饺子,非常适合宅男宅女们周末在家开伙时犒劳一下自己。

❷ 原料

馄饨皮	30 张	花生油	2 汤匙
韭菜	250 克	香油	1 汤匙
虾仁	250 克	醋	1 汤匙
紫菜	1 片	盐	2 茶匙
葱	1 根	花椒粉	1/2 茶匙
姜	1 小块		

❷ 步骤

1. 韭菜择洗干净,切碎后放入盆中,虾仁洗净去纱线。
2. 用刀背将虾仁剁成泥,放入装韭菜的盆中,然后淋入花生油和香油。
3. 撒入盐后将馅料搅拌均匀,即为馅料。
4. 取一张馄饨皮,在中间放适量的馅料。
5. 将馄饨皮从上向下斜着折下来,用手沿馅料边缘捏紧。
6. 将上面的两角沾点水,重叠对捏,然后如法包完所有馅料。
7. 锅里加足量的清水,烧开后放入包好的馄饨。
8. 葱、姜切碎后放入碗中,加撕碎的紫菜,调入盐、花椒粉和醋。
9. 当馄饨浮于水面时,连汤水倒入放有调料的碗中,搅匀即可。

NO.15
咖啡蜜豆汤圆

汤圆是元宵节时的应景美食,象征着美满和团圆。虽然很多人将汤圆和元宵混为一谈,其实两者并不是同一种东西:它们的区别不仅仅在于南方和北方的叫法不同,还在于元宵是用笸箩"摇"出来的,而汤圆则是用手包出来的。这道汤圆,红豆的甜蜜中带有咖啡的丝丝苦味,味道层次丰富,口味中西合璧,很吸引人。

● 原料

糯米粉	300 克
红豆	200 克
速溶黑咖啡	10 克
白砂糖	85 克
冰糖	50 克

● 步骤

1. 红豆用水泡一夜,沥干水。
2. 泡好的红豆放入锅中加足量的水烧开,中小火煮 45 分钟。
3. 沥去红豆水,撒入白砂糖拌匀。
4. 红豆放入炒锅中,小火慢炒,至水分收干。
5. 用 180 毫升开水冲泡黑咖啡,放温后慢慢倒入糯米粉中。
6. 将咖啡水与糯米粉揉成面团。
7. 糯米面团分成大小均等的小份面团,揉圆。
8. 蜜红豆揉成大小均等的圆球,注意尽量揉密实。
9. 糯米团按扁,包入蜜红豆球,即为汤圆生坯。
10. 煮一锅清水,水开后倒入汤圆生坯,加入冰糖,待汤圆浮起即可。

NO.16
榴莲酥

　　榴莲酥是一种将榴莲果肉包在酥皮内的点心，对于喜爱榴莲的人来说，无疑是绝顶美味。假如你不爱吃榴莲，也可以替换成其他水果。用超市有售的现成酥皮或"飞饼"来制作这道点心，免去了在家自制酥皮的烦琐过程，非常方便。

◉ 原料

酥皮	1 张
榴莲果肉	200 克

◉ 步骤

1. 将榴莲果肉去核后捣碎。
2. 用小慕斯圈或其他圆形工具将酥皮切成大小均匀的圆形面皮。
3. 将榴莲果肉碎放在圆形酥皮上。
4. 将圆形酥皮对折，捏紧收口处，用叉子按压出痕迹，即为生坯。
5. 将包好的榴莲酥生坯放在烤盘内，烤箱预热 220℃，烤盘放入中层，烤 20~25 分钟即可。

◉ 小贴士

1. 酥皮可以在进口超市买到，切割成小块就能使用；如果买不到，一般大超市的速冻水饺冰柜买到国产品牌的"印度飞饼"，拿回家解冻后也能直接用。
2. 慕斯圈是做蛋糕的常用工具，一般烘焙店就能买到。

NO.17
桃酥

桃酥是大街小巷最常见的点心，据说在清朝的时候就已经被选为贡品，连老佛爷都爱吃，因而很多时候也被称为"宫廷桃酥"。桃酥虽然叫"酥"，其实是饼食的一种，个头颇大，饼面成龟裂状，饼身松脆，是旧时广式礼饼中必不可少的品种。

◉ 原料

面粉	200 克
植物油	100 克
核桃碎	60 克
白砂糖	60 克
泡打粉	1/2 茶匙
苏打粉	1/4 茶匙
鸡蛋液	少许

◉ 步骤

1. 将面粉、泡打粉、苏打粉过筛到容器里。
2. 加入白砂糖和核桃碎，拌匀。
3. 加入植物油，然后将面粉揉成面团，稍醒片刻。
4. 将醒好的面团分为一个个小面团，然后揉成球状码在烤盘上。
5. 将面球用手压扁，表面刷上少许鸡蛋液。
6. 再放上一块大核桃仁（分量外），然后烤箱 180℃预热，放入烤盘烤 25 分钟即可。

◉ 小贴士

1. 如果选用生核桃，最好先用烤箱烤出香味再压成核桃碎。
2. 桃酥在烤制过程中会受热膨胀，所以压扁后放在烤盘里的生坯之间要留有间隙。

主　食　　　变　　　变　　　变

简单丰富快手轻食

FULL OF FLAVOUR

　　"轻食"的概念源于欧洲，两餐之间的"Snack"是轻食最早的形态；而在以晚餐为正餐的欧洲人眼中，午餐"Lunch"也有着轻食的意味。轻食分量不多，主要用于果腹止饥，算不得正经的一餐。三明治和沙拉是最早被视为轻食的食物，随后，各类甜点小食也渐渐登上轻食的菜单。随着轻食概念的推广，低热量、少分量的"轻食主义"也日渐为提倡健康饮食的人们所青睐。

05

NO.1
芒果丁松饼

Pancake，在中国常常被叫作"松饼"，从英文字面就能看出，这是一种用平底锅制成的小饼。Pancake 的做法和配方有很多，搭配黄油或者枫糖浆都很美味，是西方国家最常见的早餐小点。这一款改良版的芒果丁松饼，能咬到一粒一粒的芒果肉，口感很棒，做法也简单，更适合中国家庭。

❥ 原料

芒果	200 克
低筋面粉	80 克
鸡蛋	1 个
白糖	1 茶匙
食用油	1 汤匙

❥ 步骤

1. 将芒果肉切小丁。
2. 在低筋面粉中打入鸡蛋。
3. 慢慢加入适量清水，搅拌成比较稀的面糊。
4. 面糊里加入芒果丁，撒入白糖。
5. 平底锅中抹一层食用油，舀一勺面糊放入，让其自行摊开，将面饼两面煎至金黄即可。

❥ 小贴士

1. 制作松饼最好使用低筋面粉。低筋面粉是一种蛋白质含量较低的面粉，筋度较弱，适合制作糕饼，在不少西式轻主食中，我们都会用。低筋面粉可以在烘焙用品专卖店购买，还可以用普通面粉与玉米淀粉以 4：1 的比例混合，自制低筋面粉。
2. 这个配方并没有给出严格的用量，是因为 Pancake 其实是很家常的一道西式点心，同时由于不同品牌面粉的吸水性不同，故清水的使用量并不固定。建议做的时候一点点往面粉中加入清水，直到搅拌成具有流动性的面糊即可。
3. 制作 Pancake 时，平底锅内的油只需要抹一层，别倒太多；如果想要做出铜锣烧那样棕色的表面，就使用平底的不粘锅，不用油，直接倒入面糊烘烤即可。

NO.2
培根煮蛋卷

煮鸡蛋是许多人早餐中不可或缺的食物，尤其是忙碌的都市人，经常一枚煮鸡蛋加一杯牛奶，就拉开了一天生活的序幕。不过，即使工作再忙，只要肯稍稍花点儿小心思，将培根包裹在煮好的鸡蛋表面，再进行简单的烘烤，就可以成就另一种新鲜的美味，同时也能使得日复一日的单调早餐换个新花样。

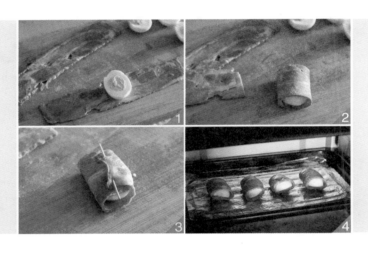

▶ **原料**

| 鸡蛋 | 2 个 |
| 培根 | 2 片 |

▶ **步骤**

1. 将鸡蛋煮熟，剥壳，纵向一切为二，2 个鸡蛋共切成 4 份。
2. 培根一切为二，用半根培根将半个鸡蛋卷起，总共卷成 4 份。
3. 用牙签将培根的接口处固定。
4. 烤箱预热 180℃，将培根蛋卷放到烤盘上，烤 5~10 分钟即可。

NO.3
胡萝卜鸡汤土豆泥

　　如果家里的小朋友不爱吃蔬菜，妈妈们可以尝试给菜肴换一个造型，比如这款造型别致的土豆泥就很受小朋友的欢迎。餐桌上有了童趣，胃口也会变好。这道土豆泥里还添加了鸡汤，味道更鲜美，让小朋友不知不觉间就摄入更丰富的营养。

◎ 原料

土豆	200 克
胡萝卜	50 克
食用油	1 汤匙
鸡汤	1 汤匙
食盐	1 茶匙

◎ 步骤

1. 土豆去皮切块，放入大碗中，上蒸锅蒸熟。
2. 将蒸熟的土豆用勺子压成泥。
3. 炒锅中放入食用油，胡萝卜切成碎末或用擦丝器擦成茸，待油热后放入胡萝卜碎翻炒几下。
4. 炒熟的胡萝卜碎放入土豆泥中，再加入鸡汤和食盐。
5. 将土豆泥、胡萝卜和鸡汤搅拌均匀。
6. 用卡通模具压出形状即可。

◎ 小贴士

土豆切要小一些，在蒸的时候会熟得更快。当筷子能轻易穿透土豆时，就表示蒸熟了。

169

NO.4
奶酪焗蔓越莓红薯泥

　　除了土豆，红薯也很适合捣泥做成主食或点心吃。加上红薯本身就具有甜味，用奶酪焗烤一下，更是香浓味美。

● 原料

红薯	200 克
无盐黄油	10 克
朗姆酒	2 汤匙
蔓越莓干	1 汤匙
马苏里拉奶酪	3 汤匙

● 步骤

1. 红薯洗净外皮，对半切开，上锅蒸 25 分钟，直到能用筷子轻易扎穿。
2. 蔓越莓干用朗姆酒浸泡片刻，沥干水分。
3. 用勺子挖出蒸熟的红薯肉，保留外皮完整。
4. 在挖出的红薯肉中加入泡好的蔓越莓干和室温回软的无盐黄油，搅拌均匀。
5. 将搅拌好的红薯泥放回红薯外皮中，填满后抹平。
6. 红薯表面撒上马苏里拉奶酪。
7. 烤箱 200℃预热，将红薯放入烤盘烤 15 分钟左右，表面呈金黄即可。

● 小贴士

1. 蔓越莓干也可以用葡萄干代替。
2. 浸泡蔓越莓干的朗姆酒也可以用清水代替，但那样就少了一丝清甜的酒香。

NO.5
鸡蛋三明治

这道出自电视剧《深夜食堂》的料理，食材易得，做法也很简单，仅仅是用煮熟的鸡蛋捣碎了夹在吐司中，却让追剧的观众口水直流。或许这种返璞归真的料理手法更能发挥食物原味的最大魅力吧，就好像剧中在凌晨相遇的男孩女孩一样，那纯粹的爱恋即使无法开花结果，依旧美得让人心碎。

◐ 原料

鸡蛋	2 个
切片面包	3 片
蛋黄沙拉酱	2 汤匙
黑胡椒粉	1/2 茶匙
食盐	1 茶匙

◐ 步骤

1. 鸡蛋煮熟去壳，用勺子捣碎，呈小块状。
2. 在鸡蛋碎中加入蛋黄沙拉酱，撒入食盐和黑胡椒粉，然后搅拌均匀，即为鸡蛋酱。
3. 在一片面包上涂抹鸡蛋酱，注意涂抹均匀。
4. 盖上一片面包，再涂上一层鸡蛋酱，最后盖上第三片面包。
5. 用刀切去面包片的边缘，再沿着面包片的对角线切两刀即可。

NO.6
泡菜拉面三明治

这款三明治，拉面加泡菜，一看就知道韩国风味十足。不过，这主食夹主食的吃法免不了让人怀疑，如此猎奇的三明治能好吃么。但吃过的人都知道，这道看似黑暗料理的三明治，却拥有不可思议的好味道。做三明治时，鸡蛋煎得有一点溏心最好，用黄油煎过的切片面包更是酥香四溢。

● **原料**

辣白菜味方便面	1 包
切片面包	2 片
无盐黄油	20 克
鸡蛋	1 个
辣白菜	1 汤匙
食盐	1/2 茶匙

● **步骤**

1. 在不粘锅内放入 10 克无盐黄油，加热至黄油化开后，打入一个鸡蛋，鸡蛋上撒食盐，煎熟后盛出。
2. 锅里再放入 10 克无盐黄油，黄油化开后放入一片面包，待两面煎酥后盛出。
3. 烧一锅水，水烧开后放入辣白菜味方便面和方便面里的蔬菜包。
4. 方便面快煮好时，撒入一半的方便面调料。
5. 将煮好的方便面捞出，沥干汤汁。
6. 在一片煎好的面包片上放上煎鸡蛋。
7. 在鸡蛋上铺上沥干的方便面，再撒上少许方便面调料。
8. 继续将辣白菜平铺到方便面上。
9. 盖上另一片煎好的面包片即可。

NO.7
吐司培根比萨

在家自制比萨是一件比较复杂的事，既要揉面做饼，还要炒制各种酱料，费时费力。所以，我们不妨变化一下思路，利用现成的面包片当比萨坯进行简单的加工，就成了美味的吐司比萨，无论是作为早餐还是便当都很合适，尤其适合忙碌的上班族。

原料

切片面包	2 片
西兰花	50 克
口蘑	50 克
小西红柿	50 克
培根	3 片
比萨酱	2 汤匙
马苏里拉奶酪	3 汤匙

步骤

1. 西兰花撕成小朵，口蘑、小西红柿、培根切片。
2. 处理好的小朵西兰花和口蘑片用开水焯烫一下，捞出。
3. 吐司片上涂一层比萨酱，撒上一层马苏里拉奶酪。
4. 继续铺上一层焯好的西兰花朵、口蘑片和小西红柿片，再盖一层培根。
5. 最上面再均匀地撒上一层马苏里拉奶酪，然后放在铺好锡纸的烤盘上。
6. 烤箱 200℃预热，烤盘放在烤箱中层，烤 8~10 分钟至吐司表面金黄、奶酪融化即可。

小贴士

1. 比萨酱也可用番茄酱代替。
2. 所用到的食材可以根据个人喜好替换，但最好不要使用含水量太高的蔬菜。

NO.8
牛油果蔬菜沙拉

胃口不好或正在节食的时候，许多朋友会选择吃一份低脂爽口的沙拉。下面这道沙拉包含的蔬果种类丰富，还加入了牛油果。牛油果是一种含有多种维生素、丰富的不饱和脂肪酸和蛋白质的热带水果，它里面的钠、钾、镁、钙等含量也高，能令人产生一定的饱腹感，很适合节食时当主食吃。

○ 原料

牛油果	200 克
无花果	150 克
小番茄	30 克
芝麻菜	50 克
熟松仁	2 汤匙
橄榄油	2 汤匙
食盐	1/2 茶匙
黑胡椒	1/2 茶匙
柠檬	半个

○ 步骤

1. 在橄榄油中挤入柠檬汁。
2. 撒入食盐，搅拌均匀。
3. 将牛油果去皮切块，无花果、小番茄切块。
4. 芝麻菜洗净放入盆中，再放入切好的牛油果块、无花果块和小番茄块。
5. 淋入调好的柠檬橄榄油汁，撒上黑胡椒。
6. 将盆中所有食材搅拌均匀，装盘后撒上熟松仁即可。

○ 小贴士

1. 如买不到新鲜无花果，也可以不用。
2. 橄榄油与柠檬汁的比例大概为 3:1，柠檬汁也可以用黑醋、果醋等代替。

NO.9
风干火腿蔬菜奶酪沙拉

　　火腿和奶酪是西式沙拉中常见的一对好搭档，加上有抗菌消炎、清热解毒作用的苦菊，非常适合炎热的夏季来上一份。不过，这道沙拉和普通蔬菜沙拉相比，热量稍高，所以想要节食的朋友不要吃得太多哦。

❥ **原料**

苦菊	50 克	食盐	1/2 茶匙
小西红柿	50 克	黑胡椒粉	1/2 茶匙
意式火腿	20 克	奶酪	2 片
熟鸡蛋	1 个	柠檬	半个
橄榄油	2 汤匙		

❥ **步骤**

1. 苦菊洗净，小西红柿、煮鸡蛋切片，意式火腿撕碎，一起放入盆中。
2. 淋入橄榄油，撒入食盐和黑胡椒粉，挤少量柠檬汁。
3. 加入切碎的奶酪，搅拌均匀即可。

❥ **小贴士**

1. 意式火腿可以换成其他肉食，煎过的培根、烤过的鸡肉和牛肉都可以。
2. 风干火腿本身就比较咸，所以喜欢清淡可以不放食盐。
3. 奶酪的种类非常庞杂，品牌也很多，我用的是超市进口区的加工奶酪，大家也可以根据口味选择自己喜欢的奶酪。

NO.10
土豆培根马芬

在大家的印象中，蛋糕总是香香甜甜的。实际上在欧洲，咸味的蛋糕也很常见。这道土豆培根马芬就是一种做法简单，口感又松软好吃的咸味蛋糕。它在欧洲非常流行，作为主食，搭配沙拉吃，就是一顿很不错的简餐。

● **原料**

土豆	200 克
低筋面粉	100 克
玉米油	30 毫升
牛奶	80 毫升
培根	3 片
鸡蛋	1 个
食盐	1/2 茶匙
泡打粉	1/2 茶匙
小苏打	1/4 茶匙

● **步骤**

1. 土豆去皮切丁，培根切小片。
2. 土豆丁放入沸水中焯熟，捞出。
3. 鸡蛋磕入碗中，加入玉米油、食盐、牛奶搅拌均匀。
4. 将低筋面粉、泡打粉和小苏打混合均匀，用细孔面粉筛筛入鸡蛋液中，然后将面糊搅拌均匀。
5. 加入土豆丁和培根片，再次搅拌均匀。
6. 将拌好的面糊装入耐热纸杯，烤箱预热 180℃，将纸杯放入烤箱烤 35~40 分钟即可。

NO.11
核桃椰蓉司康

英国传统点心司康是一种无须发酵的快速面包，做法简单，非常适合家庭自制，尤其是有制作中式面点经验的朋友应该更容易掌握。司康的口感比较扎实，越嚼越香。在英国，它是下午茶必备的茶点，可以搭配各类饮品。司康作为轻主食也是很棒的选择，肚子饿时来上一块，顶饱又解馋。

◖ 原料

低筋面粉	100 克
糖粉	20 克
泡打粉	3 克
牛奶	60 克
黄油	60 克
核桃	20 克
椰蓉	20 克
鸡蛋液	少许

◖ 步骤

1. 低筋面粉用细孔面粉筛筛过一遍，然后加入糖粉、泡打粉和室温软化后切成小块的黄油。
2. 将黄油与低筋面粉搅拌成颗粒状，也可以用手搓。
3. 核桃捣碎后，与椰蓉一起加入，搅拌均匀。
4. 倒入牛奶，搅拌均匀，但不要上劲。
5. 将拌好的面团擀成约 2 厘米厚的面片，再切割成自己想要的形状。
6. 切好的司康表面刷一层鸡蛋液，烤箱 200℃预热后，放入烤盘内烤 20~30 分钟即可。

◖ 小贴士

糖粉是细如面粉的糖，在烘焙中经常用到，也可以用细砂糖代替。如果两种都没有，用普通的白糖也不会有太大影响。

NO.12
葡萄干海绵小蛋糕

　　仅仅使用鸡蛋就能打发的海绵蛋糕，与其他种类的蛋糕相比，既好吃又简单，即便是新手也很容易操作。海绵小蛋糕的组织密实，蛋香浓郁，再来一杯热腾腾的牛奶，就是一顿营养又美味的西式早餐哟。

◌ 原料

白砂糖	80 克
低筋面粉	130 克
食用油	30 克
葡萄干	15 克

鸡蛋	4 个
朗姆酒	2 汤匙
香草精	2 滴

◌ 步骤

1. 提前将葡萄干用朗姆酒浸泡两小时以上，鸡蛋去壳打入搅拌盆里。
2. 盆中加入白砂糖，然后将打蛋盆放入另一装有热水的盆中，注意水不要流入蛋盆中，用电动打蛋器将鸡蛋打发至膨胀。
3. 分次将低筋面粉用细孔面粉筛筛过后加入打发的鸡蛋液中，用刮刀从底部往上切拌均匀，注意不可画圈搅拌。
4. 淋入食用油，滴入香草精，再次切拌均匀。
5. 将拌好的面糊倒入纸杯，撒上吸饱了朗姆酒的葡萄干，烤箱180℃预热，烤20分钟即可。

◌ 小贴士

1. 电动打蛋器是西点烘焙必不可少的一种工具，借由高速旋转的搅拌棒，将空气注入到鸡蛋液内部，能使液体状的鸡蛋液变成质地绵密的奶油状。除了鸡蛋，西点中还经常使用打发蛋清或打发淡奶油的方式制作甜点。
2. 鸡蛋要用热水打发是因为鸡蛋在40℃左右更容易打发，这样利于新手操作。

POSTSCRIPT
编后语

　　忘了是在哪里读到这句话——"吃，有时候是乡愁、欲望、温暖、安慰的全部。"与食物有关的美好句子我读过也写过许多，这一句却依旧击中了我，它那么简单，却包含一切。彼时的我正因为这套美食菜谱书的出版而加班到头昏脑涨，读到它的那一刻我的心却一下子泛起温柔。于是，我停止工作，走进厨房为自己张罗了一顿饭菜，毕竟，任何忙碌都不应当阻止我们用美食滋养胃口与灵魂。

　　超越了充饥的实用价值后，饮食越来越多地与记忆相连，与爱有关。在那个并不太遥远的过去，时间似乎过得很慢，黑白默片般定格下来的回忆中，是放学后家家户户飘出的饭菜香。重拾这份简单平常的感动，回归厨房亲手做饭，是下厨房网站创建的初衷。简洁的设计、实用的功能、文艺范儿的风格气质，这些特点与我们的价值观一起，被越来越多心中长存温情的人所认同，是下厨房莫大的欣慰。

　　在追求美食的道路上，我也结识了许多怀抱梦想与爱意的人们。他们对美食有着独特的领悟，在网络上用心撰写菜谱、拍摄照片，感染了许多人。将他们的生活方式与美食经验结集出版，造就了这套"下厨房系列"。

这是一个全新的系列，不仅是因为里面每一道菜、每一张图、每一个字句都饱含浓厚的饮食情怀，更因为具有下厨房网站的清新气质而焕发出年轻活力。在这套美食菜谱系列中，有来自中、西方各个国家的美味珍馐，包括家常菜、主食、汤羹、点心……厨房的方寸之地所具有的一切可能性，都将在该系列中一一呈现。我们希望陆续与大家见面的这些美食菜谱书，能把"为爱下厨房"的理念传达出去。读到这本书的你，感受到了吗？

　　当然，在编撰的过程中，我们也遇到过一些困难，但都努力将其克服，为的就是把最好的内容呈现给大家。这于我，于作者，都是一次宝贵的成长经历。写书的过程中，有的作者结了婚，白天忙着东奔西跑筹备婚宴，晚上坐下来修改书稿；有的作者怀上了宝宝，新生命与新书即将一起诞生。于是，我们便以一种不可思议的方式，或多或少地参与了作者的一部分生活，见证了他们某些重要的时刻。这样的缘分真是妙不可言。是美食，将陌生的变成熟悉；是美食，在传情达意时也温暖着彼此的心田。希望这一系列书能成为我们之间的纽带，在某一个瞬间，书中的某一个片段，会令你的心中也泛起温柔。

　　这本书很特别，因为它讲得是最容易被忽视却又最不应当被忽视的主食。在认识咖啡鱼之前，其实我对主食是心怀偏见的。女孩子们的饭局聚会，吃到最后，大家总是摆摆手，说"不吃主食了"，似乎"主食"不过就是那一碗平淡无奇的白米饭。市面上能买到的主食菜谱书，也大多是复杂的面点，对家庭制作来说门槛比较高。咖啡鱼的主食菜谱却让我眼前一亮，这位曾经朝九晚五的上班族，太了解忙碌的人们想吃什么了。有菜有肉又有饭的一大碗，美味营养双满分；烹制过程往往也很简单，特别是对于一两个人吃饭，这样的"饭菜一锅端"是最好的选择。渐渐地，你就会忍不住地感慨，原来主食也可以这样精彩，这样变化多端。不知道该吃什么的日子里，随意翻开一页，下厨房去烹一碗朴素却美味的花样主食来犒劳自己和家人吧。

内容主编
Pan 小月

图书在版编目（CIP）数据

主食变变变：84种米面做法全放送 ／ 咖啡鱼著. —
南京：江苏文艺出版社，2013.8
ISBN 978-7-5399-5871-2

Ⅰ.①主… Ⅱ.①咖… Ⅲ.①主食 –食谱 Ⅳ.
①TS972.13

中国版本图书馆CIP数据核字(2013)第310183号

书　　　名	主食变变变：84种米面做法全放送	
著　　　者	咖啡鱼	
责 任 编 辑	蔡晓妮	
特 约 编 辑	宋健梅　赵　娅	
文 字 校 对	郭慧红	
封 面 设 计	门乃婷工作室	
封 面 绘 图	含含童画	
版 式 设 计	申　佳	
出 版 发 行	凤凰出版传媒股份有限公司	
	江苏文艺出版社	
出版社地址	南京市中央路165号，邮编：210009	
出版社网址	http://www.jswenyi.com	
经　　　销	凤凰出版传媒股份有限公司	
印　　　刷	北京市雅迪彩色印刷有限公司	
开　　　本	720毫米×1000毫米　1/16	
印　　　张	12	
字　　　数	194千字	
版　　　次	2013年8月第1版　2013年8月第1次印刷	
标 准 书 号	ISBN 978-7-5399-5871-2	
定　　　价	36.00元	

（江苏文艺版图书凡印刷、装订错误可随时向承印厂调换）